纵深防御的历史回顾与见解

美国核管理委员会　发布

《纵深防御的历史回顾与见解》编译委员会　译

中国环境出版集团·北京

图书在版编目（CIP）数据

纵深防御的历史回顾与见解 / 美国核管理委员会发布 ；《纵深防御的历史回顾与见解》编译委员会译. -- 北京 ：中国环境出版集团，2025. 12. -- ISBN 978-7-5111-6262-5

Ⅰ. TL7

中国国家版本馆 CIP 数据核字第 2025K4C598 号

责任编辑 董蓓蓓
封面设计 彭　杉

出版发行 中国环境出版集团
（100062　北京市东城区广渠门内大街 16 号）
网　　址：http://www.cesp.com.cn
电子邮箱：bjgl@cesp.com.cn
联系电话：010-67112765（编辑管理部）
发行热线：010-67125803，010-67113405（传真）

印　　刷 北京中科印刷有限公司
经　　销 各地新华书店
版　　次 2025 年 12 月第 1 版
印　　次 2025 年 12 月第 1 次印刷
开　　本 787×1092　1/16
印　　张 12.25
字　　数 220 千字
定　　价 79.00 元

编译委员会

前 言

近年来，我国核电事业保持安全健康发展态势，核电机组数量持续增长、规模不断扩大。核安全是国家安全的重要组成部分。纵深防御（Defense-in-Depth）作为核电站安全的基本原则，虽已沿用多年，定义却尚未完全统一。

本书由生态环境部东北核与辐射安全监督站和辽宁红沿河核电有限公司共同编译，以美国核管理委员会 2016 年 4 月出版的 *Historical Review and Observations of Defense-in-Depth* 为蓝本。全书系统梳理了纵深防御在核安全与核安保领域的应用实践，同时收录了其他政府机构及国际社会对纵深防御的观点，涵盖其定义演变与实践模式。

本书对反应堆、核材料、放射性废物、核安保领域的纵深防御进行了全面回顾，共分为 9 章。第 1 章介绍了本书的背景、目的与意义；第 2 章介绍了本书涉及的相关术语和常用缩略语；第 3 章介绍了纵深防御的高层次历史回顾及纵深防御的目的与作用；第 4 章介绍了反应堆纵深防御历史，结合三哩岛核事故的经验教训，从四个阶段回顾了反应堆纵深防御的历史；第 5 章介绍了非反应堆纵深防御历史，包括所有非反应堆相关的核材料及副产品，以及铀回收、高/低放射性废物处置、特种核材料许可证管理、核材料运输、乏燃料储存等方面；第 6 章介绍了核安保的纵深防御；第 7 章从国际视角介绍了纵深防御；第 8 章介绍了其他机构对纵深防御的看法；第 9 章介绍了纵深防御历史回顾的考察，包括纵深防御的目的、目标，实现的方法、策略，确定纵深防御充分性的准则等方面。

特别声明：译文中观点不代表编译者立场，对任何单位或个人引用译文中的信息、数据、工艺、公式、计算机软件以及由此产生的后果，编译单位不承担法律责任。限于编者水平与时间所限，书中难免存在疏漏，恳请读者批评指正。在本书编写过程中，得到了相关单位的领导、同事和专家的帮助，汤搏、赵永康等多位业内专家进行了细致认真的审核勘误，谨致谢忱。

编　者

2025 年 10 月

目　录

1 概 述

1.1 背景

纵深防御的概念起源于早期的一种军事战略，是一种通过依靠多层次的防线而不是单一的强大防线来延迟对手前进的概念。纵深防御的概念现在被广泛应用于非军事领域，以描述多层次的、多样化的和冗余的战术和战略防护。例如，在工程中，纵深防御可能意味着设计上的冗余或多样性。也就是说，设计一个系统，在某个组件失效的情况下仍能保持功能，而不是试图设计不失效的部件。例如，无论如何努力使单台发动机高度可靠，一艘拥有四个基本可靠的发动机的船比单台发动机的船发生发动机全部故障的可能性更小。发动机类型的多样性（例如，核蒸汽和柴油）甚至将使发动机全部故障的可能性降到更低。单一故障情况下的这种纵深防御理念已经深深植根于核工业中。在核安全方面，纵深防御是指拥有多个、冗余、独立的安全系统或实体屏障，以防止事故的发生和减轻其后果，其目的是减少放射性事故对公众造成的风险。纵深防御的概念并不仅限于核安全。例如，纵深防御的概念已被应用于核安保，包括实体和网络，它们都依赖于分层防御，包括预防、探测和响应。这些层次的设计使得突破其中一层只会导致攻击者遇到下一层防御。

自 1957 年以来，纵深防御的概念经常出现，而且 WASH-740《大型核电站重大事故的理论可能性和后果》（AEC，1957）也经常提及这一概念。在该文件中，纵深防御被描述为：

“……标准将要求有多道防线，防止可能从设施释放裂变产物”，以及“除非另外两道防线被破坏，否则不会对公众安全造成危害”。

多年来，美国核管理委员会（NRC）的各种文件都对纵深防御进行了广泛的描述、讨论和定义，包括《美国联邦法规》第 10 篇、NUREG 报告、SECY 文件、管理导则、美国核管理委员会政策声明、反应堆安全保障咨询委员会（ACRS）信函等。纵深防御一直是 NRC 安全理念的核心，并且是 NRC 监管架构安全和安保要求的基础。然而，多年来，纵深防御在各种参考文献中并没有得到一致的描述、讨论或定义。这并不奇怪，因为不同的作者以不同方式援用了纵深防御概念，以达到最适合其文档的特定目的。

例如，在 NRC 战略计划（NRC，2014）中，纵深防御被定义为：

“……NRC 安全理念的一个要素是，当核设施发生故障或事故时，纵深防御采用连续的补偿措施来防止事故或减轻损害的影响。NRC 的安全理念确保公众得到恰当的保护，确保针对核设施的应急计划是精心设计且行之有效的。此外，该理念确保安全不会完全依赖于核设施的设计、建造、维护或运行中的任何单一要素。”

在 NRC 网站的术语表中，纵深防御被定义为：

“……一种设计和运行核设施的方法，以防止和减轻释放辐射或危险物质的事故。关键是创建多个独立和冗余的防御层，以补偿潜在的人为和机械故障，因此不依赖任何单一的防御层，无论其多么坚固。纵深防御包括使用门禁控制、实体屏障、冗余和多样化的关键安全功能，以及应急响应措施。”

这两个定义提出了这样的问题：“纵深防御是连续补偿措施，还是设计了多个独立和冗余的防御层？”这两个定义在概念上是相似的，但可以有不同的解释。例如，具有多个独立和冗余列的系统是否可以被认为是防御层，或者这些层是否意味着是多个独立和冗余的系统？此外，什么被认为是一种补偿措施（即，多个独立和冗余的防御层作为补偿措施）？纵深防御是一种哲学还是一种方法，两者之间有区别吗？纵观历史，各种描述、讨论和定义使用不同的语言和术语，篇幅也各不相同，从几句话到几页，再到整个报告。

更复杂的是，这个概念并不总是被称为“纵深防御”。例如，ANSI/ANS-8.1（美国国家标准协会/美国核协会）标准（ANSI/ANS，1998），为降低意外临界风险，定义了一个“双偶然原则”。该原则指出，“一般来说，工艺设计应包含足够的安全因素，以要求在临界事故可能发生之前，至少有两个独立的、不太可能同时发生的工艺条件变化”。可以看出，双偶然原则的概念类似于纵深防御所表达的冗余和多样性的概念。虽然在概念上可能存在相似性，但在语言和术语上可能会出现导致混淆和潜在分歧的差异。少部分参考文献反映了上述差异，回顾 1957 年以来纵深防御的历史，关于纵深防御的定义差异大幅增加。因此，正在进行的关于纵深防御的讨论是可以理解的。

在 SECY-13-0132 中，附件 3（NRC，2013a）主要针对核电反应堆总结了纵深防御的历史，并提供了基于纵深防御历史回顾的深刻见解。SECY-13-0132 的委员会工作人员需求备忘录（SRM）指出，“将 SECY-13-0132 的附件 3 作为机构知识管理工具给予重视，并以其他文件形式重新发布，使其可更广泛使用”。本书是响应该 SRM 的要求，并主要依据 SECY-13-0132 附件 3 编写的。

1.2 目标

本 NUREG 报告的目标包括：

- 总结纵深防御的历史，特别是对文献中使用的各种纵深防御的描述、讨论和定义进行总结（所审查的文献范围见第 1.3 节）。
- 给出纵深防御概念的总体历史的见解。

1.3 调研范围和局限性

如前文所述，本书是在 SECY-13-0132 附件 3 的基础上编写而成。这是一个有局限性的回顾，旨在说明丰富的历史和展现各类观点和概念。这段历史重点阐述了反应堆，但也包括一些关于核材料、放射性废物和核安保的历史记录，以及国际上一些关于对待纵深防御的历史记录。为了满足作为“知识管理工具”的需要，本书全面地阐述了反应堆、核材料、放射性废物和核安保方面关于纵深防御的历史，以及其他美国国内机构和国际机构的观点。本书内容全面，但并不一定详尽无遗。

SECY-13-0132 中的历史摘要主要基于 NRC 文件，包括法规、政策声明、NUREG 报告、管理导则、SECY 文件、委员会演讲稿、ACRS 报告和 ACRS 信函。一般来说，非监管文件不作参考，但纵深防御的历史记录包括国际原子能机构（IAEA）的文件，以及数量有限的工业界文件和国家实验室报告。本书的文献调研范围扩大到其他组织（如美国能源部、美国国家航空航天局、美国联邦航空管理局、美国国防部）和国际社会提供的一些资料。

本书已作为 KM 类 NUREG 报告发布，因为其“收集、汇编和解释有关技术主题的历史信息和参考文献，以帮助未来、当前和以前工作人员了解 NRC 的监管体系和技术知识是如何演变的”。本书不代表一种技术分析，因此，本书不作结论或提供建议。

1.4 内容架构

本书内容结构如下：

- 第 2 章：缩略语。
- 第 3 章：纵深防御的高层次历史回顾，总结了纵深防御各种描述、讨论和定义。
- 第 4 章：反应堆纵深防御历史回顾。
- 第 5 章：非反应堆（核材料、放射性废物、铀回收、核燃料循环、乏燃料临时储存和运输）领域纵深防御历史回顾。
- 第 6 章：核安保的纵深防御。
- 第 7 章：国际视角下的纵深防御。
- 第 8 章：其他机构对纵深防御的看法。
- 第 9 章：纵深防御历史回顾的考察。
- 参考文献。

2
缩略语

ACNW	核废料咨询委员会
ACRS	反应堆安全保障咨询委员会
AEC	原子能委员会
ALWR	先进轻水反应堆
ANS	美国核学会
ANSI	美国国家标准协会
AOT	允许停役时间
ASN	法国核安全局
BDBA	超设计基准事故
BDC	基准设计准则
BOP	电厂配套设施
BTP	审查科技术见解
BWR	沸水反应堆
CCF	共因失效
CCFP	安全壳条件失效概率
CDA	关键数字资产
CDF	堆芯损坏频率
CFR	联邦法规
CIV	安全壳隔离阀
COP	安全壳超压

CNRA	核监管活动委员会
CNSC	加拿大核安全委员会
CRM	配置风险管理
CS	关键系统
CSNI	核设施安全委员会
D3	多样性和纵深防御
DBA	设计基准事故
DEGB	双端剪切断裂
DG	导则草案
DHS	国土安全部
DI&C	数字仪表与控制
DiD	纵深防御
DOE	能源部
DOI	内政部
DSS	干容器存储系统
ECCS	应急堆芯冷却系统
EDO	运行执行总监
EOF	应急控制中心
EP	应急准备
EPA	环境保护局
EPRI	美国电力研究院
EQ	设备鉴定
ESF	专设安全设施
ESFAS	专设安全设施驱动系统
FAA	美国联邦航空管理局
F-C	频率-后果
FPP	消防计划
FRN	联邦注册公告
FSME	联邦和州材料与环境管理计划办公室

GDC	通用设计准则
HLW	高放废物
IAEA	国际原子能机构
IDP	综合决策流程
INL	爱达荷国家实验室
INSAG	国际核安全咨询组
IROFS	安全依赖项
IRSN	辐射防护与核安全研究所
ISG	临时工作人员指南
IST	在役试验
LB	执照基准
LBE	执照基准事件
LERF	早期大规模释放频率
LLW	低放废物
LOCA	失水事故
LOOP	失去厂外电源
LOP	保护线
LWR	轻水反应堆
MGR	模块化气冷反应堆
MIT	麻省理工学院
NASA	美国国家航空航天局
NEA	核能署
NEI	美国核能研究所
NGNP	下一代核电站
NMSS	核材料安全与保障
NPP	核电站
NRA	国家监管局
NRC	核管理委员会
NRR	核反应堆监管办公室

NSAC	核科学咨询委员会
NTTF	近期专项任务组
NUREG	NRC 文件
NWPA	核废物政策法令
OECD	经济合作与发展组织
QA	质量保证
PPA	概率绩效评价
PRA	概率风险评价
PSA	概率安全评价
PWR	压水堆
RCS	反应堆冷却剂系统
RES	核管理研究办公室
RG	管理导则
RHWG	反应堆协调专项组
RIDM	风险指引型决策
RISC	风险指引型安全分级
RMTF	风险管理专项组
ROP	反应堆监督程序
RPV	反应堆压力容器
SAMG	严重事故管理指南
SAR	安全分析报告
SER	安全评价报告
SECY	NRC 内部决策文件
SIL	安全完整性等级
SMR	小型模块化反应堆
SNF	乏燃料
SOC	审议声明
SRM	工作人员需求备忘录
SRP	标准审评大纲

SSC	构筑物、系统和部件
SSNM	特种战略性核材料
STI	监督试验间隔
TBS	破口转变尺寸
TMI	三哩岛
TS	技术规格书
TSPA	总系统性能评估
WANO	世界核电运营者协会
WASH	NRC 研究报告
WENRA	西欧核监管机构协会
YMRP	尤卡山审查大纲

3

纵深防御的高层次历史回顾

本章阐述了纵深防御信息的高层次摘要，这些信息摘自与纵深防御相关的文献[①]。这些文献中的大部分内容，特别是在非反应堆领域，并没有提到“纵深防御”的名称，而是使用了许多相同的概念。本章摘要按以下内容编排：

- 反应堆。
- 非反应堆（核材料、放射性废物、铀回收、核燃料循环、乏燃料临时储存和运输）。
- 核安保。
- 国际。
- 美国其他机构。

更详细内容见以下各节。

3.1 反应堆纵深防御高层次历史回顾

与反应堆有关的纵深防御论述有着大约 60 年的悠久历史。对反应堆纵深防御的历史回顾主要包括对美国核管理委员会（NRC）文献的审查。回顾这段历史，很明显，在最初的 30 年里，人们严格地从确定论或结构论（structuralist）的角度来看待纵深防御。因此，纵深防御被描述为依靠多重屏障、多层防御等提供防护。在 20 世纪 90 年代中期，随着风险分析的成熟和监管架构变得更具有风险指引特征，风险分析结果和对潜在风险的深入理解成为纵深防御的一部分。风险结果和见解被用来确定在哪里可以加强或

① 第 4～第 8 章提供了各种审查文献的参考文献。

放松纵深防御，或用来确定这种防护的充分性，以及解决不确定性和知识缺乏的问题。这些早期文献的另一个观察结果是，纵深防御从一开始就解决了事故预防和事故缓解问题。

表 3-1 按时间顺序提供了有关反应堆纵深防御历史回顾的来源清单。第 4 章提供了一个详细的摘要，下面提供一个高层次的摘要。

表 3-1　反应堆纵深防御历史资料来源

资料来源（按时间顺序排序）	
1. 原子能委员会的信函	22. PSA 论文
2. WASH-740	23. NRC 白皮书
3. 原子能联合委员会听证会	24. ACRS 信函
4. 内部研究小组	25. ACNW/ACRS 联合小组委员会
5. 原子能委员会的信函	26. 10 CFR 50 附录 R
6. ECCS 听证会	27. 现有和先进反应堆的风险指引型纵深防御框架，卡尔·弗莱明，弗雷德·西拉迪
7. WASH-1250	28. NEI 02-02
8. NRC 年度报告	29. 关于 Davis Besse 的请愿书
9. NRC 关于反应堆安全的情况说明书	30. 10 CFR 50.69
10. NUREG-0050	31. 迪亚兹主席的讲话
11. NUREG-0578	32. 数字仪表与控制（NUREG/CR-6303，RG 1.152，NUREG-0800 BTP HICB-19，NUREG-0800 SRP BTP 7-19，DI&C-ISG-02）
12. NUREG-0585	33. NUREG-1860
13. NUREG/CR-1250	34. NGNP INL
14. 三哩岛事故后的定义和例子	35. 管理导则 1.174 其他 RG
15. NUREG-0880	36. NTTF 评审报告
16. NRC 政策声明	37. NUREG-2150 RMTF
17. NUREG/CR-6042	38. NRC 术语表
18. NUREG-1537	39. SECY、RG 和 ACRS 信函
19. 10 CFR 100	
20. 杰克逊主席在麻省理工学院的演讲	
21. 汤姆·克雷斯对纵深防御的几点思考	

1956 年 3 月 14 日，美国原子能委员会（AEC）代理主席 W. F. Libby 给美国国会原子能联合委员会的伯克 • 希肯卢珀的一封信中最早提到了类似纵深防御的方法。虽然“纵深防御”一词没有出现在信中，但信中确实描述了“防线”，可以被认为是指纵深防御。这封信中讨论了可解释为纵深防御的三个要素：

“①识别所有可能释放不安全数量放射性物质的事故；②设计和运行反应堆，使其发生事故的可能性降低到可接受的最低限度；③通过控制和隔离的适当结合，保护公众免受此类事故的影响。”

下一个关于纵深防御的描述似乎是在 1957 年的《大型核电站重大事故的理论可能性和后果》中。这个讨论可以被认为是描述纵深防御，因为它讨论的是“多道防线”。多道防线包括：“①反应堆压力容器的完整性；②反应堆压力容器或蒸汽屏障的完整性。”

之后关于纵深防御的描述出现在 10 年后的 1967 年，在由克利福德 • 贝克（NRC 监管部副主任）提交给美国国会原子能联合委员会的一篇论文中。概括地说，该文详细说明了三条基本防线，分别是：“对安全至关重要的反应堆系统的设计、建造和运行的卓越质量，事故预防安全系统和后果限制安全系统。”随后，1969 年，内部研究小组在“向美国原子能委员会提交的关于反应堆许可计划的报告”中提到了纵深防御。在他们的报告中，研究小组支持纵深防御的概念，但认为重点应该放在第一道防线上，即核电站的设计、建造、调试和运行，使其在正常和异常条件下以可靠和可预测的方式运行。下一份历史文件是 1971 年的一封信，由美国原子能委员会主席格伦 • 西博格博士致美国国会原子能联合委员会主席、参议员约翰 • 帕斯托雷先生。信中指出，事故发生的概率应该非常小，并且应该提供旨在减轻此类事故后果的专设安全设施。再一个文件是 AEC 监管工作人员在 1971 年发布的关于轻水反应堆应急堆芯冷却系统临时验收标准的公众立法听证会上的证词。这一证词还描述了三道防线，并指出第一道防线是预防事故，第二道防线包括保护系统，第三道防线通过安装专设安全装置来提供，以减轻假想的严重事故的后果。与上述证词同时编写的另一份文件是 1973 年的 WASH-1250。这份文件指出：

“……该行业努力通过应用‘纵深防御’的设计理念来保护电厂、电厂运行人员以及公众的健康和安全……描述这种‘纵深防御’的一个方便的方法是在三个安全层次的更广泛的概念中来讨论它。”

NRC 1975 年的年度报告将纵深防御描述为“三个连续的、相互加强的防御层次……以防止发生影响公众的严重事故”。这三个层次包括通过保守设计防止事故，专设安全系统以防止或减轻故障造成的损害，以及设置附加功能来应对设计基准事故。1976 年正在开发的一份 NRC 事实说明书包含了对防御的深入讨论和对三个防御层次的类似定义。1976 年，NUREG-0550《有关布朗 • 费里火灾的建议》也提供了三个层次的类似定义。该 NUREG 报告接着指出任一层次的安全都不完美，因为人类易出错、设备易损坏。尽管纵深防御不完美，但因它们的多样性，而提供了系统所需的高度安全性。

1979 年，NUREG-0578《TMI-2 经验教训——工作组状态报告和短期建议》指出：

“核反应堆安全的基本理念提供了多个层次的保护，以防止放射性物质的释放，即纵深防御的概念。它包括各种安全措施的多样性和冗余性功能和系统以及多个实体屏障（燃料、包壳、主冷却剂边界和安全壳）。提供纵深防御所需的系统的功能和一般特征在委员会法规的一般设计标准（联邦法规第 10 篇第 50 部分[①]的附录 A）中规定。”

1979 年，NUREG-0585《TMI-2 经验教训——工作组最终报告》深入讨论了与基于经验教训的改进建议相关的纵深防御问题。它讨论了纵深防御的三个层次和以前应对三哩岛（TMI）事故的行动，该行动聚焦集中预防事故的两个层次。此外，它还指出：

“纵深防御的概念是基于这样一个前提：任何层次预防的有效性都是有限的。系统与操纵员之间的无法预见的互动和相互关系，以及可能未检测到的常见故障模式，对任何预防级别的保障能力构成限制。TMI 的事故就说明了这一点。”

1980 年，NUREG/CR-1250 描述了三个层次的防御，并指出：

“……纵深防御概念的应用也导致了在反应堆燃料中所包含的放射性和电厂外的环境之间提供了多个实体屏障。燃料包含在一个密封的金属包壳中；燃料组件包含在一个重型钢制主冷却剂系统中，而主冷却剂系统被封闭在一个密封的安全壳建筑物中。”

1981 年，美国电力研究院（EPRI）核安全分析中心的副主任 R. J. 布林发表了一篇题为《针对三哩岛事故的安全纵深防御方法》的论文。论文中，布林称：“……通过提供连续的保护性屏障来防范意外事件的原则通常被称为纵深防御。”布林认可了描述纵深防御应用的各种方式，然后选择了一个“相当常见的强调功能的三层次描述”，描述如下：

①防止事故的发生（保守的设计裕度等）；

---

① 译者注：“联邦法规第 10 篇第 50 部分”下文简写为“10 CFR 50”，其他类似表述作相同处理。

②具有检测和终止突发事件的能力；

③保护公众。

布林接着讨论了美国核管理委员会（NRC）和核科学咨询委员会（NSAC）所使用的两套体系，以确定哪些活动对安全做出了最大的贡献。

1983 年，NUREG-0880 第 XI 节中的术语表给出了纵深防御的定义：

“纵深防御在核电站的工程实践中应用，包括在核电站设计、建造和操作方面的质量保证和控制，以减少事故的可能性；安装备用系统以消除重要核电站系统故障的后果，防止个别故障升级为重大事故；安装专设安全设施，以限制某些假定的重大‘设计基准事故’的后果；尽量减少对公众健康和安全的影响。它还涉及核电站场址周围的低人口密度和场址附近没有自然或人为危害，并提出合理保证执照持有者、国家和当地机构在发生严重的事故时能采取足够的保护措施。”

1994 年，NUREG/CR-6042《反应堆安全的视角》给出了一个为期一周的反应堆安全概念课程。它描述了纵深防御的关键要素，其中列出了事故预防、安全系统、安全控制、事故管理、选址和应急计划。

“纵深防御”一词出现在核管理委员会的三个政策声明中：安全目标政策声明、高级的核电站政策声明和概率风险评价（PRA）政策声明。除了通过例子或暗示之外，这些文件都没有提供“纵深防御”的定义。核管理委员会的安全目标政策声明（1986 年）指出，一些特性（如安全壳的放射性包容特征）是纵深防御的组成部分，而领悟不确定性是纵深防御的一个关键方面。两名委员还提供了其他意见。核管理委员会关于高级反应堆管理的政策（1994 年/2008 年）指出，设计纳入了纵深防御的理念，保持多重屏障防止辐射的释放，并减少严重事故的可能性和后果。核管理委员会的 PRA 政策声明（1995 年）规定：

“……对安全的全部保障不能依赖于核电站的设计、维护或运行的任何单一要素”。该声明还指出，“PRA 技术将继续支持 NRC 的纵深防御理念，允许对防护水平进行量化，并帮助识别和解决弱点或过于保守的监管要求”。

它还指出，NRC 使用纵深防御来提供冗余和多道屏障路径。

1996 年，NUREG-1537《非动力反应堆许可申请准备和审查指南》在多处提到了纵深防御。该指南第 1 章第 3 节“构筑物、系统和部件的设计”规定，应用程序应探究构筑物、系统和部件如何防止放射性物质不受控制地释放。第 1 章第 6 节“专设安全设施”中指出：

“……专设安全设施的概念是从多层设计特征的纵深防御哲学演变而来的，以防止或减轻事故条件下放射性物质释放到环境中。”

第 1 章第 7 节“仪表和控制系统”，讨论了纵深防御如何防止共因故障。第 2 章第 1.2 节“主要安全考虑的总结和结论”指出：

“总结讨论和描述应当包含以下安全考量：设置保守的限制区以防止公众进入并保障其安全；采取限制或包容措施以有效控制放射性物质的释放；确保热工水力运行参数相对于燃料和包壳的设计能力保持足够的保守裕度；配备多样化和冗余的仪器及控制系统；以及其他相关纵深防御特性。”

1996 年，在法规 10 CRF 100.1（d）中陈述了关于选址的纵深防御：

“委员会的目的是在反应堆选址方面采取传统的纵深防御方法，以确保公众的安全。选址应远离密集的人口中心，这一直是而且还将继续是选址审批中评估申请的重要因素。”

1997 年，在麻省理工学院的核反应堆安全课程中，杰克逊主席指出，NRC 安全理念的一个要素是纵深防御，“纵深防御确保相继的措施被纳入设计和运行程序，以弥补可能的失效……”1999 年，杰克逊主席在一份白皮书中进一步阐述了纵深防御。她指出：

“……纵深防御采用连续的补偿措施来防止事故或减轻损失，确保安全不会完全依赖于设计、施工、维护或运行中的任何单一因素……纵深防御的净效应……是设施……对故障和外部威胁往往更具容忍度。”

1997 年 8 月 27 日，反应堆安全保障咨询委员会（ACRS）小组委员会召开了一次会议。克雷斯博士发表了一篇关于纵深防御的论文。在论文中，克雷斯博士指出，确定风险的技术和工具还不够完善，监管机构无法采取风险控制措施。他指出，NRC 制定的一种被称为“纵深防御”的监管理念，可将纵深防御视为在三个“层次”的防护之间的平衡，而这些防护是根据多个独立的条款规定的。这三个层次包括：①防止事故的发生；②阻止（或限制）事故的进展；③在裂变产物意外释放时提供疏散。他还指出，PRA 的结果可以被认为是衡量纵深防御整体实施有效性的一个指标。此外，克雷斯博士同意有必要发表一份政策声明，阐述这三个层次，并说明如何在堆芯损坏频率和安全壳条件失效概率之间构成适当的监管平衡。

1999 年，雪莉·杰克逊主席发表了一份白皮书，其中声明如下：

"……风险见解可以明确纵深防御的各个要素，对这些要素进行切实可行的量化。""纵深防御是 NRC 安全理念的一个基本部分，如果核设施发生故障、事故或自然引起的事件，则可以采用连续的补偿措施来防止事故发生或减轻损害。纵深防御理念可以确保安全不会完全依赖于核设施的设计、建造、维护或运行中的任何单一因素。将纵深防御纳入设计、建造、维护和运行的净效应使相关设施或系统对故障和外部威胁往往具有更高的容忍度。"

在 1999 年的 PSA 会议上，J. N. 索伦森等发表了题为《论纵深防御在风险指引型监管中的作用》的论文。他们指出了两种不同的思想流派。一种是结构主义模式，它声称，纵深防御体现在法规的结构和为遵守这些法规而建造的设施的设计中。另一种是理性主义模式，它主张纵深防御是各种预防措施的集合，这些预防措施旨在弥补在了解事故起始和发展过程中的不确定性和不全面性。

多年来，ACRS 提供了他们关于纵深防御的见解，这些见解主要在一封特定的函件中载明。在 1999 年 5 月写给雪莉·杰克逊主席的信中，核管理委员会指出，对纵深防御存在两种不同的看法。其中，一种观点（结构主义的观点）认为，纵深防御是应用多种和冗余的措施来识别、预防或减轻事故，以使设计达到满足安全目标的程度。另一种观点（理性主义的观点）认为，纵深防御在风险指引型监管方案中的作用旨在弥补风险分析的不足、不完整和遗漏。核管理委员会指出，如果有比现行标准更详细适用的风险接受标准，将大幅推进定量风险评价方法的使用和纵深防御措施的合理实施。

在其他信件中，ACRS 指出，纵深防御的目的是补偿不确定性，并应在预防和缓解之间达到平衡。ACRS 还指出，应急准备是纵深防御的一个关键要素，并对制定纵深防御验收准则有所助益。

对于反应堆和核材料，鉴于风险评估的不确定性，核管理委员会将纵深防御视为一种确保公众安全的战略，并同意纵深防御的程度应与不确定性程度相关。

2000 年 1 月 13—14 日，核废料咨询委员会（ACNW）和 ACRS 小组委员会举行了一次联合会议，会议重点讨论纵深防御。以下是反应堆有关议题的各位发言者的汇总：

- 纵深防御，10 CFR 50 的风险指引观点，汤姆·金、加里·霍拉汉。发言者指出了在 NRC 的监管框架中使用纵深防御理念，并列举了纵深防御的例子。他们认为，应该给出纵深防御的确切定义，提供多道防线，在预防和缓解之间取得平衡，并建立一个有关事故场景不确定性的框架。此外，该定义应由两部分组成：在所有情况下都应提供的基本要素，以及可能因不确定性和可靠性以及风险目标而有所不同的实施要素。

● 在 PRA 不完善的情况下在基于风险的监管体系中设计纵深防御，克雷斯博士对纵深防御提出了两个问题：①纵深防御在风险评估方面没有一个精确的定义；②纵深防御不存在一个允许范围的允许（limit）的定义或准则。他提出了纵深防御的定义："设计纵深防御是一种策略，该策略通过恰当配置降低风险的预防和缓解措施，提供设计功能以实现可接受风险（考虑到不确定性）。"克雷斯博士建议通过制定包括不确定性的风险接受准则来界定纵深防御，其中包括来自 PRA 的可量化不确定性和专家意见估计的不可量化的不确定性。

● 纵深防御，罗伯特·伯内罗。伯内罗博士指出，可以通过他回答的以下 6 个问题来考虑纵深防御。

①什么是纵深防御？

②是否存在纵深防御的总体理念？

③针对普遍应用，当前的安全目标和最终目标是否明确？

④纵深防御在核反应堆的风险指引监管中的作用是什么？

⑤纵深防御在放射性材料生产和使用的风险指引监管中的作用是什么？

⑥纵深防御在放射性处置的风险指引监管中的作用是什么？

● 《论纵深防御的量化》，约翰·加里克。加里克博士的报告提出了一个概念框架，用于量化核电站和核废料储存库的各级保护的纵深防御，以防止对公众和环境的辐射。他提出的方法主要特点是如何最好地使用 PRA 结果来量化和显示各种纵深防御系统的性能，这些系统旨在提供多个层次的辐射保护。

2002 年，卡尔·弗莱明和弗雷德·西拉迪发表了一篇题为《现有和先进反应堆的风险指引型纵深防御框架》的论文。该论文对现行纵深防御定义（当时的）进行了回顾，为从中确定的技术问题提供了解决方案，并提出了一个可用于任何反应堆概念的一般定义。该论文深入地讨论了设计、过程和场景的纵深防御。

"纵深防御"一词在反应堆法规中多次出现。发布于 2000 年的 10 CFR 50 附录 R 第二节 A 规定，防火大纲应将纵深防御的概念扩展到对安全重要的防火区，其目的是预防、探测、保护。2004 年发布的 10 CFR 50.69 要求设备分级过程关联纵深防御。在公布该规则的联邦注册公告（FRN）中，多处深入讨论了纵深防御。它明确了何时纵深防御是恰当的判断准则（准则类似于 RG 1.174 第 2 版中所述的原则）。FRN 进一步指出，为了改进纵深防御的实施，主要的需求是引导确定合适措施的数量及是否完善。考虑到工程分析（确定性评价和风险评价）中存在未量化或不可量化的不确定性，纵深防御不再只是依赖于基本的风险评估，而是作为一种确保公众安全的战略而被沿用。

2002 年，美国核能研究所（NEI）在一份白皮书（NEI 02-02）中描述了一个新的、可选的风险指引和基于性能的商业核反应堆监管框架，其中包括关于“如何在一个风险指引和性能的制度中处理纵深防御”的讨论。该白皮书提供了一个风险指引、基于性能的监管框架的原则，其中一个原则是：

“通过包括设计、建造、监管、监督和运行活动在内的要求和过程，该框架可以为纵深防御提供服务。对具有高度不确定性并对公众健康和安全产生重大影响的事件，应通过采用确定的设计和运行特征来提供额外的纵深防御。”

2003 年，一份请愿书要求核管理委员会“立即撤销第一能源核能运营公司……戴维斯-贝斯（Davis Besse）核电站 1 号机组许可证”。环境保护局局长的决定指出，NRC 保护公众健康和安全的方法是基于纵深防御的理念，并定义了六项原则：①应用保守的规范和标准；②建立实质性的安全裕量；③高质量的设计、施工和运行；④设备可能出现故障，操作人员可能出现错误，因此需要冗余；⑤需要一个安全壳构筑物；⑥定期实施综合应急计划演习。

2004 年，美国核管理委员会主席尼尔斯·迪亚兹发表了一篇题为《最好的计划（NRC 的纵深防御理念）》的演讲。他在讲话中指出，纵深防御是：

“……其实不仅仅是一种理念，而且是一项行动计划，一种确保防护的方法。除此以外，纵深防御要求：高质量的设计、制造、施工、检验和试验；防止裂变产物释放的多道屏障，以及安全设备的冗余和多样性；还有程序和策略；最后是应急准备，包括与地方当局协调、隐蔽、疏散和/或预防药物发放管理（如碘化钾片）。这种方法既解决了预期的问题，也解决了意外的问题。”

过去几年中，发布的一些文件，包括 NUREG/CR-6303，1994；管理导则（RG）1.152，1996；NUREG-0800，审查科技术见解（BTP）HICB-19，1997；NUREG-0800，BTP-719，2007；DI&C（数字仪表与控制）-ISG（临时工作人员指南），2009

等，其中纵深防御已经成为关键因素。这些文件指出：

“……纵深防御是一个长期存在的设计、建造和运行的原则，可能被认为是需要同心排列的保护屏障或手段，必须所有这些都失效的情况下，危险物质或危险能量才可能对人类或环境产生不利影响。反应堆包容放射性物质释放的三个经典实体屏障——燃料包壳、反应堆压力容器和安全壳——是纵深防御的一个例子。”

这些文件还定义了“防御梯队”，即控制系统、反应堆停堆系统、专设安全驱动系统，以及监控和指示系统。

在 2007 年发布的 NUREG-1860 中，描述了建议的未来核电厂许可的风险指引和基于性能的监管框架，其中纵深防御是关键组成部分。它解决了几个问题：纵深防御的作用应该是什么，纵深防御因素应该如何纳入监管框架，纵深防御的目的是什么，以及纵深防御与不确定性有何关系。它指出：

“……纵深防御的最终目的是补偿不确定性，即由于缺乏对新技术和新设计设施的运行经验而导致的不确定性，以及安全挑战的类型和规模上的不确定性。”

在 NUREG 报告中，纵深防御被定义为“……美国核管理委员会安全理念的一个要素，用于在核设施发生故障、事故或自然事件时，通过采用包括安全裕度在内的连续措施来防止和减轻损害，从而处理不确定性”。

NUREG 报告定义了：

- 纵深防御的四个目标；
- 结构主义和理性主义相结合的纵深防御方法；
- 含相关判断准则的六项纵深防御原则；
- 评估纵深防御技术充分性的概率准则。

2009 年，爱达荷国家实验室（INL）发布了 INL/EXT-09-17139，提供了纵深防御的定义和用于确保其原则满足下一代核电站（NGNP）项目要求的方法。它指出，“纵深防御是一种安全理念，即采用多道防线和保守的设计和评估方法，以确保公众安全。该理念还旨在提供一种设计，该设计在对电站特性、部件可靠性或可能危及安全的操纵员表现方面的知识不确定性具有容忍度”。

对于 NGNP，提出了一个纵深防御框架，该框架定义了三项主要要素：①电厂纵深防御能力；②纵深防御程序化；③纵深防御的风险指引评估，并为上述每个要素定义了原则和准则。纵深防御风险指引评估的要素部分，提出了决策过程应具有的相关准则，这些准则包括概率论和确定论的，还用来评估不确定性是否已得到充分解决以及是否满足纵深防御原则。

2011 年，RG 1.174 第 2 版出版。该管理导则提供了一种可接受的方法，通过考虑工程问题和应用风险见解，来评估拟议的执照基准变更的性质和影响。该管理导则包括对拟议变更的评估，以确保纵深防御的理念得到维护。

该管理导则指出，如果有以下情况，则纵深防御理念被维护了：

“在防止堆芯损坏、防止安全壳失效和减轻后果等方面保持了恰当的平衡。”

“避免过度依赖程序化活动，这些活动是执照基准（LB）变更有关的补偿措施。”

“保持系统冗余、独立性和多样性与预期频率、对系统冲击的后果和不确定性相称（例如，没有风险异常值）。”

“维持了对潜在的共因故障防御能力，并评估了引入新的共因故障机制的可能性。”

“屏障的独立性未被降低。”

“保留了人因错误的防御能力。”

“维持了核电厂设计准则的目的。”

还有提到或讨论纵深防御的其他管理导则。许多管理导则重复了 RG 1.174 中发现的上述七个要素。另一些人则认为，纵深防御是为了弥补不确定性。

2011 年 7 月 12 日，近期专项任务组完成了对福岛第一核电站事故的见解的审查，并在《关于在 21 世纪加强反应堆安全的建议》中阐述了其发现。报告的一个重要主题集中在纵深防御及其提供充分保护的能力上。该报告讨论了纵深防御，包括纵深防御确保的多层次如何是设计基础的一部分，以及如何通过使用风险见解和对超设计基准事件的明确要求来改进纵深防御的应用。

2012 年，NUREG-2150 出版，并提供了对反应堆、核材料、放射性废物、燃料循环和运输采取更全面、更完整、风险指引、基于性能的监管方法的战略愿景和选择，以继续确保核材料的安全使用。在报告中，纵深防御在他们拟议的风险管理监管框架的建议中发挥了关键作用。专项任务组在各个领域进行了审查，并指出，经过几十年的使用，对充分的纵深防御保护没有明确的定义或标准；纵深防御的概念没有得到一致的使用，也没有确定纵深防御是否足量的指导；这个概念是为了弥补公认的核反应堆运行和确定潜在事故后果知识的匮乏。该 NUREG 报告的纵深防御特征如下：

“提供风险指引和基于性能的纵深防御保护：①根据存在的危害、相关场景和相关联的不确定性，确保采取适当的屏障、控制和人员来预防、控制和减轻放射性物质释放的照射：（a）在相关场景下，并考虑不确定性，每个屏障的设计有足够的安全裕度以维持其功能；（b）对实现屏障功能的所需系统进行设计，确保相关场景下适当的可靠性；（c）监测屏障和系统的性能。②确保部分或全部已建立的屏障和控制装置失效（包括人因失误）所导致的风险保持在可接受的低水平。”

NRC 网站上的术语表将纵深防御定义为：

“……一种设计和操作核设施的方法，以防止和减轻放射性或危险物质释放的事故。关键是创建多个独立和冗余的防御层次，以补偿潜在的人为和机械故障，因此不依赖任何单一的防御层，无论其多么坚固。纵深防御包括采用出入控制、物理屏障、冗余和多样化的关键安全功能，以及应急响应措施。”

多年来，许多提交给核管理委员会的咨询文件、管理导则和 ACRS 信函都讨论了纵深防御。这些讨论（在第 4 章末尾的表格进行了总结）重申了纵深防御是核管理委员会安全理念的一个基本要素，以防止事故发生并减轻其后果。NRC 网站有关纵深防御的定义包括具有多重屏障的纵深防御，预防和缓解措施之间的平衡，以及不依赖于单一的设计要素安全功能。此外，网站上的一些论文还提到了纵深防御的几个要素，包括单一故障准则、冗余、多样性、独立性和应急准备。其他论文讨论了纵深防御的原则、纵深防御的层次，以及如何确定纵深防御的充分性。一篇论文指出，缺乏指导妨碍了更多地使用风险信息，另一篇论文建议制定关于纵深防御的政策声明。

3.2 非反应堆纵深防御高层次历史回顾

与反应堆的纵深防御历史不同，非反应堆的纵深防御的历史主要可以从法规中找到。其他文件（如 NUREG 报告、SECY 文件、管理导则、其他技术文件）中很少有关于非反应堆纵深防御的讨论。这些法规通常基于纵深防御理念，尽管术语本身通常不被使用；使用了以下本质上等同的术语：防御水平、防线、防御层（或保护层）、安全因素和多重屏障。通常要求不描述或定义纵深防御，而是描述防御措施。

非反应堆纵深防御历史资料来源如表 3-2 所示。

表 3-2 非反应堆纵深防御历史资料来源

来源（按时间顺序）	
2000 年 ACRS 信函	SECY 99-186
ACNW/ACRS 联合小组委员会，2000 年 1 月	《联邦公报》第 66 号公告，第 213 号，2001 年 11 月 2 日
核材料和废物应用的风险指引型决策，2008 年	10 CFR 70
10 CFR 30～39	NUREG-1520
NUREG-1556	10 CFR 71
NUREG-2150	10 CFR 72
10 CFR 60、61、63	NUREG-1536
SECY 97-300	NUREG-1567

第 5 章将提供一个详细的摘要，下面是各项内容的高层次摘要：

- 3.2.1：所有非反应堆核领域的总体陈述。
- 3.2.2：副产品材料。
- 3.2.3：铀回收。
- 3.2.4：高、低放废物处置。
- 3.2.5：特殊核材料国内许可证申请。
- 3.2.6：核燃料运输。
- 3.2.7：乏燃料贮存。

3.2.1 所有非反应堆核领域的总体陈述

总体来说，在所有非反应堆核领域只有两份文件提及了纵深防御的作用，2000 年，在 ACRS 给 NRC 主席的一封信中提出了对纵深防御的看法，同年，ACNW/ACRS 联合小组委员会联合会议集中讨论了这个议题。

在 2000 年 5 月写给 NRC 主席理查德 • 梅瑟夫的信中阐述了 ACRS 对核材料和活动的看法，信中指出：

“为纵深防御采取的各种补偿措施，可以根据活动所带来的风险、每项补偿措施对降低风险的贡献、风险评估中的不确定性以及建立利益相关方信任的需要进行分级。”

“对运输、贮存、加工和制造的纵深防御处理应与反应堆的处理类似。对工业和医疗应用的纵深防御可以最低程度，并基于精确信息进行处理。”

“保护公众和环境免受高放废物（HLW）贮存库影响的纵深防御既是技术问题，也是政策问题。重要的是，各种补偿性措施在对降低风险的贡献方面取得合理的平衡。工作人员应制定实现所期望的平衡的选项，每个选项的适当性应征求专家和其他利益相关方的意见。”

“由于实现纵深防御的补偿性措施的平衡取决于设施或活动所引入的风险的可接受性，因此应为所有核材料安全和安保监管的活动制定风险接受准则。”

这封信还讨论了核材料的纵深防御与反应堆的纵深防御的区别，因为 PRA 方法在核材料上的应用比在核反应堆上应用的经验少。此外，核材料许可证的办理活动存在更多差异，涉及核材料的事故会有不同的后果。

ACRS 接着指出，“在风险指引框架内实施法规，包括使用纵深防御，需要为每项受监管的活动建立风险接受准则”。然后使用这些准则来判断补偿措施的充分性。

2000 年 1 月，ACNW/ACRS 联合小组委员会召开了会议，重点探讨纵深防御。艾森伯格博士做了题为《基于风险指引的性能监管的纵深防御：从核材料安全与保障（NMSS）视角》的演讲。艾森伯格博士指出，NMSS 框架的多个部分涉及纵深防御，NMSS 监管的系统比核电站危害更小。他指出，存在两种类型的剩余不确定性。类型 1 涉及分析中的置信度或缺乏置信度，类型 2 涉及在某种程度上风险或安全分析受到限制的系统。他在报告中详细介绍了类型 1 与类型 2 在限制方面的差异。艾森伯格博士指出了纵深防御和安全裕度之间的差异。他提出了采用以下方式来确定所需纵深防御程度的流程，即检查系统性能的不确定性对系统带来的潜在后果。

2008 年发布了一份讨论核材料和放射性废物应用的风险指引型决策的文件。该文件旨在为美国核管理委员会的核材料安全和保障办公室以及联邦和州材料与环境办公室的工作人员提供一个风险指引型监管决策框架。该文件指出纵深防御和安全裕度具有风险指引决策的属性，在分析现有设施或活动的变更或修改时，应考虑到对纵深防御的影响。该文件指出：

“纵深防御是 NRC 安全理念的一个要素，它采用连续的补偿措施来防止事故或减轻故障、事故或自然事件发生时的损害。”此外，该文件指出：“纵深防御可以通过各种不同的措施来实现，例如非能动包容系统（例如，多道屏障）、能动系统（例如，通风系统）和管理程序。冗余和多样性可用于管理与系统可靠性相关的不确定性。因此，尽管定量风险估计非常低，但可能仍需要最低程度的纵深防御。”

该文件讨论了纵深防御和安全裕度的目的和重要性。它指出，纵深防御可以随风险和/或不确定性的性质而变化，并讨论了具有不同风险水平的活动所需的纵深防御措施。该文件有助于指导分析师评估新问题或新情况（例如，对现有设施的修改、有关设施运行潜在威胁的新知识等）对保持足够的纵深防御和安全裕度的影响。为了评估问题/情况对纵深防御的影响，该文件提供了一系列问题供分析者在各个领域进行评估，包括屏障完整性、防御层和维持纵深防御的各种选项的有效性。

3.2.2 副产品材料

关于副产品材料的纵深防御特性的讨论可在 10 CFR 30～39 的规定，以及两个 NUREG 报告中找到。

下面是关于在这些法规中如何处理纵深防御的摘要。10 CFR 30.32 要求申请者证明：

“放射性物质是实体隔离的，因此只有一部分可能发生事故。”

“由于采取了合适的贮存或包装方式，在事故发生时，全部或部分放射性物质不会释放。”

“有减轻每次事故后果的手段和设备，包括提供给保护现场工人的手段和设备。”

10 CFR 32.22 至 10 CFR 32.32 的条文规定，设备故障的风险应低到可接受的程度，这是一个重要的纵深防御原则。

10 CFR 34.20 涉及“工业射线照相设备的性能要求”，其中有两种预防措施可被视为纵深防御：①“导管外露头连接必须能够承受 ANSI N432-1980 中规定的控制单元的拉伸试验。”该要求涉及使用保守的规范和标准，以确保一个较大的安全裕度。②源转更器必须提供一个系统，以确保在连接或断开驱动器电缆与源组件时不会意外地从转更器中抽出。这一要求涉及设备的设计，以减少发生故障的可能性。

10 CFR 36.21 规定用于辐射器的“密封源的性能准则”要求这些密封源“必须双重封装”。10 CFR 39.41 规定测井中使用的密封源的“设计和性能标准”要求“密封源是双重封装的”。

一些关于副产品材料的 NUREG 文件中涉及纵深防御的内容如下：

NUREG-1556 V6《辐照装置标准审评大纲》（1999 年 1 月）

该文件概述了全景辐照装置设计和操作中的纵深防御特征，如下所述：

“需要一个独立的备用出入控制系统，以提供一种冗余的手段，防止人们意外地接触到放射源。此外，必须向至少一名在操作期间在现场的其他人员提供指导，说明如何响应报警，并及时提供或请求援助。”

独立和备用体现了冗余性和多样性的原则，因此具有纵深防御的特征。

NUREG-2150《风险管理监管框架提案》（2012 年 4 月）

该文件阐述了在 NRC 监管的各种非反应堆活动中使用纵深防御的情况。文件陈述：

“纵深防御的术语在 NRC 的材料监管项目中并没有得到一致的使用。……纵深防御的概念，即反应堆监管的核心部分，在材料大纲中更像是隐含的，而非明确的。……由于许可材料种类繁多，NRC 内部或这些持照者，对风险指引型、基于性能和纵深防御等术语并没有达成共识。”

“在设计和制造通用许可的设备中，纵深防御是在设计和制造中考虑的，因此个人可以拥有和使用这种设备而无须正式培训或具备经验，需要承担的责任要求很少。对于某些含有足够数量的放射性物质、可能构成更大危险的设备，美国核管理委员会要求个人必须进行登记（但无须获得执照）。”

3.2.3 铀回收

关于铀回收的纵深防御特征的讨论可以在 NUREG-2150《风险管理监管框架提案》（2012 年 4 月）中找到。该文件简要总结了美国核管理委员会在铀回收监管中的纵深防御，如下所述：

“在 NRC 对铀回收的监管中，纵深防御的概念通常不是一个明确的考虑因素。这在很大程度上反映了一个事实，即铀回收是一项风险相对较低的活动。有一些例子，包括尾矿库的设计特点和监管审查，以及 ISR 设施的回灌、回收和监测井的安排，都反映了纵深防御的考虑。”

3.2.4 高、低放废物处置

关于高、低放废物处置的纵深防御特征的讨论，主要可以在法规中发现，但也包括在个别的 SECY 文件和其他文件中。

10 CFR 60 高放废物在地质储存库中处置的纵深防御特征如下：

10 CFR 60.21“申请内容”规定，申请中应讨论屏障和质量保证计划的有效性。

10 CFR 60.122“选址准则”，讨论在具备有利条件的区域进行选址，这样“与隔离废物有关的性能目标将得到满足”。在有利于保护公共健康和安全的场所进行受管制活动是一项纵深防御原则。

10 CFR 60.131“贮存库操作区域的通用设计准则”要求：

“（b）临界控制。针对所有处理、运输、贮存、回收、安置和隔离放射性废物的系统，旨在确保不可能达到核临界状态，除非对核临界安全至关重要的条件中至少有两种极不可能、独立的变化同时发生或相继发生。”

10 CFR 61 地面处置（低水平）放射性废物执照要求的纵深防御特征如下：

10 CFR 61.7“概念”，通过要求设立一个缓冲区来确立对屏障（在处置沟槽和设施边界之间）的需求，该缓冲区：

“……是处置场的一部分，由持照者控制，位于处置场的下方以及处置场边界与任何处置单元之间。它提供了一个受控制的空间来建立监测点，目的是提供放射性核素移动的早期预警，并在必要时采取缓解措施。”

规定与入侵屏障相结合的缓冲区是一种纵深防御特征。

10 CFR 61.13“技术分析”要求：

“……不经意侵入中人员防护的分析必须包括以下论证：合理确保废物分类和隔离要求将得到满足，并会提供充分的屏障以防不经意侵入。”

10 CFR 63 内华达州尤卡山地质贮存库中高放废物的处置中的纵深防御特征如下：

根据 10 CFR 63.113.E——技术标准“永久关闭后地质储存库的性能目标”要求：

“（a）地质储存库必须包括多个屏障，如包括天然屏障系统和工程屏障系统。”

“（b）工程屏障系统必须设计成与天然屏障相结合，人员所遭受的最大个人合理照射限制在 10 CFR 63.311.L 规定的限值内。”

10 CFR 63.112“地质贮存库作业区域关闭前安全分析要求”规定：

“……地质贮存库作业区域关闭前的安全分析必须包括……在主要电源失电的情况下，向仪器、公用工程系统和对安全至关重要的操作系统提供可靠和及时的应急电源的手段；以及提供冗余系统的手段，而这些系统需要有足够的容量来维持对安全至关重要的公共服务的能力。”

10 CFR 63.161“地质贮存库作业区域永久关闭前的应急计划”要求：

“能源部（DOE）应在对地表设施永久关闭和去污或去污和拆除之前的任何时间，制订并准备实施一项计划，以应对地质贮存库操作区域可能发生的放射性事故。”

上述所有规则均可视为在贮存库规定中发现的纵深防御特征。

有关废物的纵深防御特征也可在以下 SECY 文件、《联邦公报》公告和 NUREG 报告中找到：

SECY-97-300《制定内华达尤卡山拟议贮存库处置高水平放射性废物适用法规的策略提案》

1983 年，NRC 地质处置规定的提出，代表了纵深防御理念在首个同类设施中的独特应用。

“在关闭后的很长一段时间内，应用纵深防御原则来监督储存库的性能，必须考虑到地质储存库与具有主动安全系统的运行设施之间的差异，以及主动控制和干预的可能性。关闭的储存库本质上是一个非能动系统，对长期安全性进行最佳评价是考虑其完整性和性能失效相对可能性。尽管相对来说很容易识别组成工程和地质系统的多个不同屏障，但这些系统及其各自子系统的性能不能被认为是真正独立或完全冗余的。”

SECY-99-186《阐明纵深防御如何适用于内华达州尤卡山可能的地质贮存库监管的工作人员计划》

该文件提供了工作人员的计划，以更清楚地提出 NRC 与高放废物的处置相关的纵深防御理念。

《联邦公报》第 66 号公告，第 213 号文件（2001 年 11 月 2 日）

该公告还涉及 10 CFR 63，即内华达州尤卡山地质贮存库中高放废物的处置。该公告解释了 10 CFR 63 最终规则中包含的与纵深防御相关的特征，该规则涉及内华达州尤卡山高放废物贮存库，并回应了各利益相关方对规则草案提出的意见。具体而言，该公告概述了多重屏障与纵深防御之间的关系，并指出 NRC 的预期内容，即如果贮存库系统由多个屏障组成，则其对意外故障和外部威胁的承受度会更高。

NUREG-2150《风险管理监管框架提案》（2012 年 4 月）

该文件涉及低放废物和高放废物的纵深防御。

关于低放废物：

“无论在 NRC 内部还是外部，对风险指引型、基于性能和纵深防御等术语都没有达成共识，也未采用这些术语。”

“纵深防御的概念隐含在 10 CFR 61 的要求和结构中，但没有明确使用该术语。……10 CFR 61（场地适宜性、废物形式和分类、入侵屏障、有组织控制等）中的联锁和强化系统方法，暗指基于各类废物带来的风险对纵深防御的考虑。”

关于高放废物：

“也许 NRC 法规中最重要的变化是地质贮存库关闭后的纵深防御方法（即实施多重屏障要求）。地质处置一个长期以来的原则是依赖多重屏障来限制放射性核素的释放和扩散。工程屏障（如废物包装和废物形式）应与地质或天然屏障相辅相成并协调一致，以便安全或不完全依赖于单一屏障或现象……”

“NRC 的纵深防御监管理念反映在 10 CFR 63 关闭后的多重屏障要求中。通过性能评估证明其与对多重屏障要求的符合情况。”

3.2.5 特殊核材料国内许可证申请

关于特殊核材料国内许可证申请的纵深防御措施的讨论可在 10 CFR 70.64 和以下两份 NUREG 文件中找到。

10 CFR 70.64“对新设施或现有设施新工艺的要求”明确规定“设施和系统设计以及设施布局必须基于纵深防御实践……”如 10 CFR 70.64 所述，对新设施或现有设施的新工艺的要求有：

“……纵深防御实践是指一种设计理念，从开始一直到设计完成，其基础是提供连续层次的防护，这样健康和安全就不会完全依赖于设施的设计、建造、维护或运行的任何单一要素。纳入纵深防御实践的实际效果是经保守设计的设施和系统将对故障和外部威胁表现出更大的承受度。进行综合安全分析所获得的对风险的见解可以用来补充最终设计，将注意力集中在预防和缓解高风险潜在事故上。”

10 CFR 70.64 还要求设计必须提供临界控制，包括遵守双偶然原则。

NUREG 文件中关于核燃料循环设施中特殊核材料的纵深防御特征如下：

NUREG-1520《核燃料循环设施标准审查大纲》（2015 年 6 月）

根据 10 CFR 70.65 提供的 ISA 摘要信息，NRC 根据 10 CFR 70.21“提交申请”、10 CFR 70.22、10 CFR 70.23 和 10 CFR 70.60“适用性”，以及 10 CFR 70.66“批准许可申请的附加要求”作出许可证审批的决定。这些评估内容包括符合性能要求、基准设计准则、纵深防御和管理措施的充分性。

NUREG-2150《风险管理监管框架提案》（2012 年 4 月）

“对核燃料循环设施工艺安全的纵深防御的要求和定义在 10 CFR 70.64（b）中是明确的，该定义与 SECY-98-144《风险指引和基于性能的监管白皮书》中的定义相同，该白皮书定义了‘风险指引’‘纵深防御’和相关概念。此外，双偶然原则几十年来一直是核临界安全领域的行业标准，也是 10 CFR 70.64（a）（9）的强制要求。”

3.2.6 核材料运输

关于运输方面的纵深防御的讨论可以参见以下两项法规和一份 NUREG 文件。

10 CFR 71.43“所有货包的通用标准”规定，“每个货包必须包括一个可靠的用紧固装置牢固封闭的包容系统，该紧固装置不能被随意或由包装内可能产生的压力打开”。

10 CFR 71.55“裂变材料包装的通用要求”规定，在设计、制造和装载裂变材料的数量时必须确保，如果水漏进包容系统，或液体漏出包容系统，该包装应处于次临界状态。该规定指出，如果没有任何单一的包装错误会导致泄漏，则可以批准豁免。

NUREG-2150《风险管理监管框架提案》（2012 年 4 月）

“虽然没有明确使用‘纵深防御’一词，但目前批准和检查放射性运输包装的监管方法从一般意义上来说，沿袭风险指引型和基于性能的纵深防御方法。例如，对不同类型的运输货包的安全要求随着所包含的（放射性）量或危害程度变大而变得更加严格。防事故包装的阈值是根据 A1（特殊形式或封装材料）或 A2（正常形式的材料）的数量确定的。反过来，A1 和 A2 的数量则是根据事故模型确定的，这些模型使第一响应者的预期剂量低于 5 rem（雷姆，1 rem=0.01 Sv）的职业照射限值。如果包装中含有超过 A1 或 A2 的数量（即有可能导致超过 5 rem 的辐照），则需要满足 B 类事故条件。目前的体系还允许将通常需要 B 类包装的材料采用不那么坚固的包装进行运输，这是因为所运输材料的比活度较低。”

3.2.7 乏燃料贮存

关于乏燃料贮存纵深防御措施的讨论可参见以下两项法规和三份 NUREG 文件。

10 CFR 72.124“核临界安全标准”要求：

“临界安全设计，乏燃料处理、包装、转移和贮存系统的设计必须保持次临界状态。以确保对核临界安全至关重要的条件至少有两种可能性极低、独立的变化同时或连续发生，才会发生临界事故。”

10 CFR 72.236“乏燃料贮存容器批准和制造的具体要求”规定，乏燃料储存容器的设计必须提供包容系统的冗余密封。

关于核燃料循环设施中特殊核材料的纵深防御特征见以下 NUREG 文件：

NUREG-1536《干式贮存容器系统标准审查大纲》（2010 年 7 月）

在该 NUREG 文件第 321 页和附件 B-2 中指出：

“纵深防御一直是 NRC 安全理念的一个关键因素，旨在确保关键安全功能的实现不依赖于设计、施工、维护或运行的单一要素。实际上，纵深防御是用于提供一种或多种额外措施来支持前沿安全措施，为实现关键安全功能提供额外的保证。传统的反应堆纵深防御措施包括包容体、安全壳、冗余和多样化的衰变热排出方式和应急撤离计划等。对于干储存容器系统，与纵深防御相关的措施示例如下：

- 包容系统（核燃料包壳完整性的第二道屏障）；
- 运行控制和监控；
- 非机制性和包络性事件分析（以降低厂址特定的不确定性）。”

NUREG-1567《乏燃料干式贮存设施标准审评大纲》（2000 年 3 月）

该文件指出，在审查乏燃料干式贮存设施的消防计划（FPP）时，应重点关注纵深防御：

“根据 10 CFR 72.122（c）的设计总则，审查人员应验证 FPP 能够保证火灾不会显著增加向环境中释放放射性物质的风险。纵深防御方法应在预防、探测、阻隔和灭火之间取得平衡。”

NUREG-2150《风险管理监管框架提案》（2012 年 4 月）

“纵深防御的概念并没有明确或一致地应用于乏燃料贮存监管计划。……值得注意的是，这一概念被纳入 10 CFR 72.124（a），即防止核临界的双偶然原则。除了目前的许可证申请方法外，纵深防御也可以是在各种干式存储系统的设计和运行中所固有的特性。然而，这些方面并没有被明确确定或认可为纵深防御的考虑因素。”

3.3 核安保纵深防御高层次回顾

NRC 监管的核设施的安保领域很少使用“纵深防御”这一术语。在 10 CFR 的各部分以及其他有关安保和实物保护的文件（如 NUREG）中，也可以找到纵深防御特征的描述。

关于核安保纵深防御的历史资料来源见表 3-3。

表 3-3 核安保纵深防御的历史资料来源

• 10 CFR 30 • 10 CFR 37 • NUREG-1556，第 1 卷	• 10 CFR 73 • NUREG-1804，第 2 版

第 6 章将给出详细摘要，下面给出针对以下各项的高层次摘要：

- 3.3.1：副产品材料。
- 3.3.2：电厂与核材料的实物保护。

3.3.1 副产品材料

有关副产品材料安全的法规见 10 CFR 30、10 CFR 37 和 NUREG-1556。以下是使用纵深防御原则的条例示例，包括多重屏障、冗余和多样性：

- 10 CFR 30.34 和 10 CFR 37.53 要求有“两个独立的形成有形屏障的实体控制”，以防止未经授权的核材料移除。
- 10 CFR 37.49 要求在失去主电源时保持监测和检测能力。
- 10 CFR 37.79 要求有不受相同干扰因素影响的冗余通信手段。

NUREG- 1556 V1《便携式测量装置许可证标准审查大纲》（2012 年 5 月）

便携式测量装置许可证标准审查大纲表明，需要采取基于多个实体屏障的纵深防御措施，以防止未经授权的接近，从而确保安全。该文件指出：“在任何时候，持照者都必须在便携式测量装置使用时保持控制和持续监视，并且至少要使用两个独立的实体控制装置来确保便携式测量装置在存储期间不在未经授权情况下被移动。”

该文件还指出：

“只要执照持有者在运输便携式测量装置时保持持续的控制和监视，执照持有者只需要遵守交通部（DOT）的运输要求（如危险警示牌、标签、运输文件、密封和支撑）。但是如果执照持有者使车辆和便携式测量装置（例如，在进入加油站、餐厅、商店时）无人看管，则便携式测量装置必须按照 10 CFR 30.34（i）的要求有两个独立的控制。”

3.3.2 电厂与核材料的实物保护

关于电厂与核材料的实物保护相关的纵深防御措施的讨论可参见 10 CFR 73 和 NUREG-1804。

10 CFR 73 的规定主要与纵深防御有关，因为其要求实物保护系统、警卫、车辆和通信的冗余和多样性。示例如下：

- 10 CFR 73.20 要求实物保护系统具有“足够的冗余和多样性，以确保维持 10 CFR 73.25 和 10 CFR 73.45 中所述的能力”。
- 10 CFR 73.25 要求该实物保护系统能够在单个敌对行动中保持完好。
- 10 CFR 73.26 规定了必须伴随货物的护送车和武装护送人员的数量。
- 10 CFR 73.37 要求冗余通信。
- 10 CFR 73.45 和 10 CFR 73.50 要求设置多个实体障碍。

NUREG-1804 第 2 版《尤卡山标准审查大纲》（2003 年 7 月）

该文件审查了内华达州尤卡山高放废物处置库实物保护计划的要求，并确定了那些可能被视为纵深防御的要求。该文件规定：

“美国能源部已经根据 10 CFR 73.51（b）（2）的要求，确定并充分描述了实物保护系统中确保足够性能所必需的具有冗余和多样性的子系统和部件。接近保护区内的材料应该需要穿过两个实体屏障——一个是位于保护区周界的屏障，另一个是阻止穿透的实体屏障。”

3.4 纵深防御国际高层次历史回顾

国际社会提供的关于纵深防御的资料来源大多来自国际原子能机构（IAEA），如表 3-4 所示。国际原子能机构已经发布了几份关于反应堆的纵深防御的文件。此外，纵深防御一直是经济合作与发展组织（OECD）核能署（NEA）/核监管活动委员会（CNRA）/核设施安全委员会（CSNI）重点关注的内容。本节总结了历史上国际社会提供的关于纵深防御的相关内容。

表 3-4 国际纵深防御的历史资料来源

• 国际原子能机构文件（INSAG-3、INSAG-10、INSAG-12，SRS-46，TECDOC-1570，NP-T-2.2，SF-1，SSR-2/1，INFCIRC 225 Rev 5）
• 经济合作与发展组织 NEA/CNRA/CSNI 研讨会
• 瑞典辐射安全管理局报告（SSM 2015：04）
• OECD/NEA 手册

国际原子能机构的国际核安全咨询组（INSAG）发表了几份与纵深防御有关的文件（INSAG-3、INSAG-10 和 INSAG-12 以及 NP-T-2.2 等）：

- 1988 年发表的 INSAG-3 解释了纵深防御，同时指出“所有安全活动，无论是组织的、行为的还是与设备相关的，都受到层层重叠规定的约束，因此，如果发生失效，将得到补偿或纠正，而不会轻易对个人或公众造成伤害”。该文件接着指出，纵深防御的原则是“为了补偿潜在的人员失误和机械故障，实施纵深防御概念，侧重于多层防护，包括防止放射性物质向环境释放的多重屏障。这一概念包括通过避免对电站及屏障本身造成损坏来保护屏障。也包括在这些屏障不能完全有效的情况下保护公众和环境免受损害的进一步措施”。

- 1996 年发表的 INSAG-10 重申了 INSAG-3 中关于纵深防御的解释和原则。它进一步指出，“纵深防御包括对不同级别的设备和程序进行的分层部署，以便保持放射性物质与工作人员、公众或环境之间的实体屏障在正常运行、预计运行事件，以及在电站发生事故时的有效性”。报告接着指出，“纵深防御策略有双重意义：第一，预防事故发生；第二，如果预防失效，要限制其潜在后果，防止任何更严重的情况发生。事故预防是第一要务……”报告确定了五个层次的防御，这样，如果一个层次的防御失效，下一个层次的防御就会开始发挥作用。

- 1999 年发表的 INSAG-12，有关纵深防御的描述与 INSAG-3 和 INSAG-10 一致。该文件进一步指出，纵深防御策略的意义是双重的：第一，预防事故；第二，如果预防失效，则限制事故的潜在后果并防止其演变为更严重的情况。它为事故预防和事故缓解提供了定义和准则。INSAG-12 比 INSAG-10 更进一步，将五个纵深防御层次与核电站的五个运行状态联系起来，并将其分类为事故预防或事故缓解。

- 2005 年，IAEA 的安全报告系列（SRS-46）中的一份报告涉及对核电站纵深防御的评估。该报告描述了一种评估现有核电站纵深防御能力的方法，包括评估其设计特点和为确保安全而采取的操作措施。系统地确定核电站选址、设计、建设和运行所需的安全规定，为评估核电站纵深防御的全面性和质量提供了依据。为了更容易和更便于用户使用，该方法以“目标树”的形式进行说明。

- 2006 年，IAEA 发布了 SF-1，确立了安全目标、安全原则和概念，为 IAEA 的安全标准及其安全相关计划提供了依据。该标准规定了 10 项安全原则。原则 8“预防事故”的定义是“必须尽一切实际努力来预防和缓解核或辐射事故”。它指出，“纵深防御”是预防和缓解事故的主要手段，通过多层次的保护，使任何一次失效都不会导致有害影响。

- 2007 年，IAEA 发布了 TECDOC-1570，它提供了一种技术中立的安全方法来指导革新型反应堆的设计、安全评价和审批。作为所建议方法的一部分，提出了三个“主要支柱”，其中之一是纵深防御。该文件参考了 INSAG-10 的五个层次，然而，它还提供了在实施纵深防御时要考虑的安全目标。定量安全目标通过频率后果曲线（事故后果相对可接受频度）与纵深防御的每个层次相关联。

- 2009 年，IAEA 发布了 NP-T-2.2《在中小型反应堆中实现纵深防御的设计特征》。该报告的总体目标是：“①协助革新型小型模块化反应堆（SMR）的开发人员确定一致的纵深防御方法，通过设计和结合此类反应堆安全设计概念中固有和非能动安全设施和非能动系统来消除事故发生/预防事故后果；②协助革新型小型模块化反应堆的潜在用户评估具有固有和非能动安全设计特征的小型模块化反应堆的整体技术潜力，包括其在安全以外领域的可能影响。”

- 2012 年，IAEA 发布了 SSR-2/1《核动力厂安全：设计安全要求》，确立了“核动力厂的构筑物、系统和部件的设计要求，也包括对安全至关重要的程序和组织过程。必须满足这些要求以实现安全运行和防止可能危及安全的事件发生，或减轻此类事件发生的后果”。该文件描述了纵深防御，并指出它适用于所有与安全相关的活动。SSR-2/1 描述了五个层次的防御。SSR-2/1 的要求 7 指出“核动力厂的设计应纳入纵深防御”。

- IAEA 于 2011 年 1 月发布了 INFCIRC 225 Rev 5《关于核材料和核设施实物保护的核安全建议》，将纵深防御确定为基于风险的实物保护系统和措施的基本原则之一。该文件指出：“国家对实物保护的要求应反映出一种多层保护和保护方法（构筑物、其他技术、人员和组织的）的理念，而敌对者为了实现其目标必须克服或规避这些多层保护和保护方法。”

- 2013 年，OECD NEA/CNRS/CSNI 举办了纵深防御国际研讨会。众多发言者的演讲引出了一些共同的关键信息：

①纵深防御的效果很好；

②发生频率较低但后果较严重的事件，可以破坏纵深防御的所有层级；

③纵深防御的概念涉及不同的、多重的屏障；

④屏障之间的独立性至关重要；

⑤预防和缓解必不可少；

⑥需要加强纵深防御的作用。

2015 年，瑞典辐射安全管理局发布了一份题为《纵深防御：PSA 纵深防御评估框架的开发》的报告（SSM 2015：04）。

在 SSM 2015：04 中，作者 Per Hellström 描述了一个项目，其目的是调查如何以及在多大程度上使用概率安全评价（PSA）［在美国通常称为概率风险评价（PRA）］来评估和改善核电站的纵深防御。在报告（和研究项目）中，纵深防御建立在以下概念基础之上，这一概念源自 IAEA INSAG-3 和 IAEA INSAG-12：“所有安全活动，无论是组织的、行为的还是与设备相关的，都受到层层重叠规定的约束，因此，如果发生失效，将得到补偿或纠正，而不会对个人或公众造成伤害。这种多层级防护的理念是纵深防御的核心特征。”

作者希望将 PSA 中计算的量值与 INSAG-12 和 IAEA 其他出版物所界定的纵深防御的具体水平联系起来。根据风险贡献，对在不同层次纵深防御中发挥作用的构筑物、系统和部件（SSC）进行分级。

该报告介绍了福岛第一核电站事故发生后监管机构和应急管理当局实施纵深防御的情况，旨在通过提供涉及以下方面的指导来加强全球协调：

“……纵深防御理念的背景；

在切实可行的范围内，针对不同纵深防御水平的安全措施需要独立有效；

需要注重加强各级预防和缓解措施；

至关重要——确保共因和共模故障，特别是外部事件的组合，不会导致突破多个纵深防御层次的安全措施，特别需要关注人为因素和组织因素；

‘实际消除’导致重大放射性释放的事故序列的概念；

对新的和现有的反应堆、多机组厂址和其他核设施实施纵深防御;

通过监管活动实施纵深防御……

纵深防御理念中的第五层次防护措施——厂外应急安排。”

该报告还确定了有利于进一步开展工作的方面，包括:

“……人为因素和组织因素对纵深防御的影响;

适合新反应堆设计、多机组厂址、燃料循环设施和研究反应堆的纵深防御理念应用的一些改进;

五层次纵深防御对策的实施;

通过培训、研讨会和其他方式，对纵深防御的监管应用进行基准测试和进一步协调;

新技术的影响。”

3.5 其他机构使用纵深防御的高层次历史回顾

其他机构的文献审查尚未完成，然而，国际原子能机构与其他机构一起举办了纵深防御研讨会①，以分享其观点。第 8 章将描述该研讨会更详细的报告，该研讨会的关键信息包括以下内容:

- 大多数机构没有正式使用“纵深防御”这一术语，但许多机构使用类似的概念，或“适应力”等术语。
- 可接受的风险程度取决于机构的任务。
- 纵深防御的实施情况各不相同，取决于各机构的实际任务。
- 纵深防御是通过执行设计、运行和计划要求的组合来实现的。
- 衡量纵深防御的量化风险目标可能难以制定。
- 用于比较目的的相对风险估计比风险的绝对量化更可信。
- 预防和缓解是纵深防御的关键要素，然而，考虑到机构任务，复原力（即适应力）也可能是纵深防御的一个重要方面。
- 设计、运行和/或计划要求取决于任务的阶段。例如，是从头开始构建（新设

---

① 参加研讨会的人员来自核管理委员会、国家航空和航天局、联邦航空管理局、能源部、海军核推进项目、国土安全部、内政部（安全和环境评估局）、陆军工程兵团和加拿大核安全委员会。

计）还是使用现有设计。

- 预防和缓解之间的平衡取决于应用情况。
- 从安全的角度来看，并不总是能消除风险（例如，即将发生的行为）。

3.6 纵深防御表征的总体考察

通过对纵深防御进行历史回顾，并在回顾的基础上对纵深防御的目的、目标、战略、结构和定义进行考察，可以得出如何表征纵深防御的总体观点。

- 无论知识缺乏与否，纵深防御的目的是确保受管制活动的风险保持在可接受的低水平。
- 纵深防御的目标是通过预防和缓解事故，确保公众免受伤害。
- 实现纵深防御所采用的方法是将多层防御纳入受监管活动的设计和运行中，并确保这些多层防御兼顾预防和缓解。
- 实际的防御层取决于所构成的威胁。
- 策略是用于实现每一层次防御的保护措施（即设计、运行或计划特征）取决于防御水平和实际威胁。
- 关于确定纵深防御是否充分的标准，几乎没有任何指导。文献确实表明，要素（例如，防御层）应进行量化，风险应用来检验每个防御系统（例如，安全措施），补偿措施可进行分级以降低风险，任何序列（假设所有防御层都失效）都保持在频率后果曲线以下，冗余和多样性足以确保满足风险指引要求，并且可以通过使用风险度量的过程来评估充分性。
- 制定原则是为了帮助指导纵深防御的实施。这些原则定义了什么样的纵深防御使受监管活动成功（即达成目标）。总体而言，纵深防御应确保每个受监管活动都具有适当的纵深防御措施（即设计、运行和管理特征），以预防和缓解异常事件和事故。

4

反应堆纵深防御历史回顾

4.1 概述

本节提供了反应堆纵深防御的历史摘要。表 4-1 总结了所回顾的文件。

表 4-1 反应堆纵深防御历史资料来源

• AEC 信函（AEC，1956） • WASH-740 （AEC，1957） • 原子能联合委员会听证会（TCAE，1967） • 内部研究小组（TCAE，1969） • AEC 信函（AEC，1971a） • ECCS 听证会（AEC，1971b） • WASH-1250（AEC，1973） • NRC 年度报告（NRC，1975） • NRC 关于反应堆安全的情况说明书（NRC，1976a） • NUREG -0050（NRC，1976b） • NUREG -0578（NRC，1979a） • NUREG -0585（NRC，1979b） • NUREG/CR-1250（NRC，1980） • 三哩岛事故后的定义和例子（NRC，1981） • NUREG -0880（NRC，1983） • 委员会政策声明（NRC，1986），（NRC，1995），（NRC，2008a） • NUREG/CR-6042（NRC，1994a） • NUREG-1537（NRC，1996b） • 10 CFR 100，1996（CFR）	• ACRS 信函（ACRS，1999） • ACNW/ACRS 联合小组委员会（ACRS，2000a） • 10 CFR 50 附录 R • 现有和先进反应堆的风险指引型纵深防御框架，卡尔·弗莱明，弗雷德·西拉迪（Fleming，2002） • NEI 02-02 （NEI，2002） • 关于 Davis Besse 的请愿书（NRC，2003b） • 10 CFR 50.69，2004 （CFR） • 迪亚兹主席的讲话（NRC，2004） • 数字仪表与控制（NUREG/CR-6303，RG 1.152，NUREG-0800 BTP HICB-19，NUREG-0800 SRP BTP 7-19，DI&C-ISG-02）（NRC，1994b），（NRC，1996c），（NRC，1997a），（NRC，2007a），（NRC，2009a） • NUREG-1860（NRC，2007b） • INL 国民生产总值报告（INL，2009） • RG 1.174 其他 RG （NRC，2011a）

• 杰克逊主席在麻省理工学院的演讲（NRC，1997b） • 汤姆 • 克雷斯对纵深防御的几点思考（ACRS，1997） • PSA 论文（Sorenson，1999） • 委员会白皮书（NRC，1999a）	• NTTF 评审报告（NRC，2011b） • NUREG -2150 RMTF（NRC，2012a） • NRC 术语表（NRC，2014b） • SECY、RG 和 ACRS 信函（ACRS），（RG），（SECY）

下面将历史回顾和总结分成四个阶段：1956—1976 年、1976—1986 年、1986—2002 年、2002 年至今。

4.2 1956—1976 年的历史回顾

"纵深防御"一词早期出现在原子能委员会（AEC）和 NRC 的文件中，但讨论主要涉及实体屏障。该文件将采取纵深防御的目的描述为防止"不太可能发生的"事故；也就是设计基准事故（DBA），未提及严重事故。

4.2.1 AEC 致美国参议院的信，1956 年

纵深防御的最早定义似乎出现在 1956 年 3 月 14 日美国原子能委员会代理主席 W. F. Libby 写给美国国会原子能联合委员会的伯克 • 希肯卢珀先生的一封信中。虽然"纵深防御"一词没有出现在信中，但信中确实描述了代表纵深防御的"防线"。这些防线被描述为：

"为最大限度地减少导致大量放射性物质释放到周围环境的事故发生的概率，以及为确保通过充分的设计和运行预防措施将运行事故的可能性降至可接受的低水平，而对特定反应堆的所有潜在危险及相关程序进行的全面评估。"

"评估……表明在极不可能发生的事故确实发生并且从反应堆本身释放了不安全量的放射性物质时采取了哪些措施来保护公众……本质上是对于公众来说至关重要的第二道防线，而反应堆位置的特征与厂房控制放射性物质的能力之间的关系成为一个重要的因素。"

信中还讨论了可解释为纵深防御的三个要素：

"认识到所有可能释放不安全量的放射性物质的潜在事故；"

"反应堆的设计和运行，旨在使发生这种事故的可能性降低到可接受的最低限度；"

"通过包容和隔离的组合，保护公众在发生此类事故时不受其后果的影响。"

4.2.2 WASH-740，1957 年

下一个关于纵深防御的描述出现在 WASH-740《大型核电站重大事故的理论可能性和后果》中，其中包括以下可以被视为纵深防御的内容，因为它谈到了“多道防线”：

“展望未来，我们许可核反应堆所依据的原则是，我们将需要多道防线，以防止可能从设施释放裂变产物的事故。”

“如果一系列不幸的故障导致反应堆堆芯损坏，导致反应堆容器内所含的裂变产物也随之释放，无论这对业主来说代价有多高，都不能对公众的安全造成危害，除非下面的另外两道防线也被突破：①反应堆容器的完整性；②反应堆包容体或蒸汽屏障的完整性。连续突破这两道连续防线的强破坏力事故，与同时发生不利的气象扩散条件的可能性将降低。”

“因此，围绕反应堆的蒸汽包容体可被视为保护公众的另一道防线。这些构筑物并非坚不可摧，但它们能够隔离可信事故。”

4.2.3 原子能联合委员会听证会，1967 年

下一个关于纵深防御的描述似乎出现在 10 年后，在克利福德·贝克（NRC 监管部副主任）于 1967 年 4 月向美国国会原子能联合委员会提交的一份文件中，总体来说，文件指出：

“为了安全起见，在核反应堆设施的实体系统中建立了三条基本防线：

（1）第一道也是最重要的一道安全防线，是在对安全至关重要的基础反应堆系统的设计、建造和运行方面要有卓越的质量保证，从而确保极低的事故发生概率……对这一目标的重视体现在以下方面：

— 重点是选择合适的材料，控制制造部件的质量，采用严格的检验和测试体系，采取适当的技术和工艺控制。

— 在关键部件和系统的设计中要求高标准的工程实践。例如，采用故障安全设计、冗余和备份、纵深防御和关键点额外安全裕度的原则。纵深防御的原则是通过设置连续的屏障来防止裂变产物泄漏：①陶瓷氧化铀燃料基体具有非常高的滞留能力……②燃料芯块被封装在不锈钢或锆的密封包壳中；③燃料棒封装在高完整性的、经过压力泄漏测试的一回路冷却剂系统中……④每个反应堆结构完全封装在高完整性、经过压力

和泄漏测试的安全壳厂房内。

— 定期安排设备检查和维修；对异常事件、失效或故障进行及时彻底的调查和纠正。

— 运行过程中全面和满意地定义优良管理原则的要求；胜任并得到良好培训的工作人员，明确分配的职责，书面程序，修订程序时的审核和权衡，定期的内部运行审查等。

（2）第二道防线由设施内设计的事故预防安全系统组成。这些系统旨在防止事故和扰动升级为重大事故。其中包括控制装置和停堆装置中的冗余装置；独立的应急电源（有时是三重电源）和应急冷却系统。

（3）第三道防线由限制后果的安全系统组成。这些系统的设计目的是在发生事故而裂变产物从燃料和一回路系统释放时，限制或尽量减少裂变产物泄漏到环境。这些系统包括安全壳厂房本身、厂房喷淋和清洁系统、厂房冷却系统……以及内部过滤收集系统。"

"保护系统中的三个相关要素组成了确保实体设施中这三条基本防线有效性的手段。

（1）一个主要要素是对拟建的反应堆设计进行系统分析和评估，……直至并包括所谓的'最大可信事故'。

（2）对拟建的核设施进行安全分析和评估时采用由众多专家独立审查的体系，审查人员包括持照者专家和顾问、监管人员以及来自 ACRS、原子能安全和执照委员会以及核管理委员会的人员。

（3）监督和检查系统是这里提到的最后一个要素。在反应堆建造期间和运行之后，通过定期检查、公司定期报告、运行记录检查和设施违规行为调查来进行监督。"

4.2.4 内部研究小组，1969 年

另一个关于纵深防御的说法出现在 1969 年 6 月由内部研究小组提交给原子能委员会（AEC）的《关于反应堆审批计划的报告》中。这项研究是由原子能委员会于 1968 年 6 月发起的，目的是帮助确保程序与核工业的迅速发展保持一致。

研究小组的成员是从 AEC 工作人员、反应堆安全保障咨询委员会（ACRS）和原子能安全和执照委员会专家咨询组中抽调任命的。该报告指出：

"人们普遍认为，要使核电站达到足够的安全水平，就需要在核电站的设计及其附

加的工程安全设施上融入纵深防御理念。对电力行业来说，在核能领域对纵深防御的重视程度是从没有过的。”

“在寻求安全系统可靠性的过程中，人们对核能领域的冗余、多样性和质量控制给予了极大的关注。由于设计的发展以及核电站的新订单大量增加，有关基本核电站设计要求中备用系统之间保持适当平衡的问题已经提出。”

“研究小组赞同纵深防御的概念，但认为重点应该放在第一道防线上，即核电站的设计、建造、测试和运行，这样，核电站无论在正常还是异常条件下都能以可靠和可预测的方式运行。”

4.2.5　AEC 致美国参议院的信，1971 年

1971 年 4 月 27 日，在 AEC 主席格伦・西博格博士写给美国国会原子能联合委员会主席约翰・帕斯托雷的一封信中，探讨了纵深防御。西博格博士表示，“我们的安全审查建立在纵深防御重要原则的基础上”。他对纵深防御的讨论包括以下内容：

“所有对安全至关重要的构筑物、系统和部件的设计都必须确保事故发生的可能性非常小……持照者必须拥有并应用有效的质量保证程序，以确保核电站的设计、建造和运行都与这一目标相一致。”

“不过，根据纵深防御的概念，设计目标应保守假设不太可能发生的事故将能发生。专设安全设施是为了减轻这些假想事故的后果……即使此类事故发生的概率非常小，即使在专设安全系统中存在高度冗余。如果要有效实施纵深防御的概念，就必须仔细审查每一道防线。”

4.2.6　ECCS 听证会，1971 年

下一个值得关注的历史文件是 AEC 工作人员在 1971 年 12 月 28 日发布的关于轻水反应堆应急堆芯冷却系统（ECCS）临时验收准则的公开立法听证会上的证词。

这份文件的引言中包括名为“纵深防御”的小节。该证词指出：

“安全目标是防止人们接触到这种放射性物质。采用纵深防御的概念后，可高度确保（虽不完善）实现这一目标。主要的防御是通过预防事故来实现的。所有对安全至关重要的构筑物、系统和部件的设计、制造和运行都必须使事故发生的可能性非常小。实现这一目标的关键是质量和质量保证，两者既独立，又需同时兼顾。这项工作必须做

好，然后仔细检查，以便将出现错误和缺陷的可能性降到可接受的水平。”

“无论设计和实施多么卓越，质量保证多么全面，都必须承认它们是不完善的。在与预期性能发生偏差时，作为第二道防线的保护系统就会按要求采取纠正措施。保护系统包括冗余元素，提供定期在役测试，以及其他增强性能和可靠性的特性。”

“另外一道防线——第三道防线通过安装专设安全设施来减轻假定的严重事故的后果，尽管事实上，由于前两道防线的存在，这些事故极不可能发生。与保护系统类似，专设安全设施配备了冗余元素、独立的动力和流体来源，防止自然现象和人为事故发生，此外还有一些其他类似的元素，以确保它们在不太可能发生的事件中正确发挥作用。”

“为动力反应堆提供的三条独立的纵深防御防线可以将放射性释放的可能性和潜在后果降低到可接受的水平。必须采用广泛而全面的质量保证计划，来确保每道防线的完整性，并保持不同的防线尽可能独立。”

同样的引言部分包含一个标题为“概率和裕度”的小节。该小节指出：

“……在用于确保反应堆安全的纵深防御概念中，ECCS 是第三道防线的一部分。ECCS 的设计依据是失水事故（LOCA）的假设谱，因此 ECCS 需要为公众提供保护。这与纵深防御是一致的，而且我们认为在这种设计基准上提供这种保护是适当的。”

此外，题为“结论”的小节指出，“一回路系统的设计、制造、安装和运行中的质量是纵深防御的必要组成部分”。

4.2.7 WASH-1250，1973 年

在准备上述证词的同时，另一份文件 WASH-1250，即《核动力反应堆（轻水冷却）和相关设施的安全》正在制定中。这份文件于 1973 年编写完成。

第 1 章“轻水反应堆电站及相关设施的描述”，指出：

“虽然压水堆（PWR）电站和沸水反应堆（BWR）电站在细节上存在差异，但两种类型反应堆的基本特征基本相同。它们都是巨大而复杂的结构，设计和建造的目的是提供多重屏障，防止放射性物质无论出于何种原因泄漏，并承受自然界的突发事件……而不损害这些屏障。”（此时尚未引入“纵深防御”术语）

第 2 章“确保安全的基本理念和实践”，指出：

“……构成 AEC 程序规则和监管标准基础及构成工业实践基础的基本理念……通常

被称为‘纵深防御’理念。”讨论继续指出：“之前已经提到使用多重屏障来防止放射性泄漏……然而，同样重要的是，必须确保这些屏障不会因异常情况而受到破坏。对此，行业通过应用‘纵深防御’的设计理念，在监管规则、程序、准则和标准边界允许的变化范围内，努力保护核电站、核电站运行人员以及公众的健康和安全。讨论‘纵深防御’更为方便的方式是讨论三个安全层次。”

4.2.8 NRC 年度报告，1975 年

在 1975 年的 NRC 年度报告中，将纵深防御概念作为确保核电站安全设计的活动之一进行了讨论。纵深防御概念被定义为“三个连续的、相互加强的防御层次……以防止发生影响公众的严重事故。”

这三个层次的定义如下：

“第一层次的防御重点是事故预防。它要求核电站设计合理、保守，这样就可以按照严格的质量标准和工程实践进行建造、测试、运行和维护，具有很大的裕度从而减少故障和差错的影响……”

“第二层次的防御是基于这样的假设，即可能导致安全问题的故障或操作错误将会发生……因此，安全系统需要防止或尽量减少此类故障造成的损害……必须将保守的设计实践、适当的安全裕度、可检查性以及冗余的探测和执行设备纳入保护系统，以确保第二层次防御的有效性和可靠性。”

“第三层次的防御是对前两个层次的补充，通过提供额外裕度的功能以使公众免受不太可能发生事故的影响。主要通过对核电站一些主观的假想事件的响应来评估这些裕度……从这些假想事件的分析中，选择了一些被称为‘设计基准事故’的事故序列，作为纳入额外保护裕度所需的附加功能的基准。”

4.2.9 NRC 关于反应堆安全的情况说明书，1976 年

公共事务办公室主任约翰·哈里斯于 1976 年 4 月 6 日将一份反应堆安全情况说明书寄给核反应堆监管办公室（NRR）主任伯纳德·拉什征求意见，他在信中指出，编写该情况说明书是为了总结“对拟建核电站的细致的审查”，并将其附在“信件……与新闻媒体”中。

NRR 主任助理詹姆斯·米勒于 1976 年 4 月 20 日作出回应，并在信中指出，“用于

‘纵深防御’层次的描述应与安德斯主席最近在联合委员会提供证词时所使用的描述一致”。

经修订的情况说明书就纵深防御说明如下：

“基于‘纵深防御’的概念，NRC 对拟建核电站开展审查。在这个概念下，要考虑三个连续的、相互加强的防御层次，以防止事故及其后果。”

“第一层防御是为可能的人因失误、材料和设备的缺陷以及自然行为提供较大的安全裕度……”

“第二层防御是提供备用系统，自动补偿重要设备的故障或在纠正任何潜在不安全状况时可能出现的人因失误。其目的……是防止小事故升级为大事故。”

“在第三层防御中，设计必须提供设备，以限制即使是极不可能发生的事故对公众造成严重后果。即专设安全设施，如安全壳厂房、备用电源和应急堆芯冷却系统，都是为了限制事故的后果。”

“在所有三层安全防护的设计、建造和运行中，最重要的是有效的质量保证大纲。”

4.3 1976—1986 年的历史回顾

在这 10 年中，纵深防御的讨论主要与布朗•费里火灾和三哩岛（TMI）事故的发生及其后果有关。随着布朗•费里火灾的发生，文献中首次提到纵深防御有助于减少严重的潜在事故，并提出了关于纵深防御层次之间适当平衡的问题。三哩岛事故后，文献中提到了“超设计基准事故”的纵深防御，同时也首次提到了概率风险评价（PRA）作为量化纵深防御的可能手段，从而降低风险。

4.3.1 NUREG-0050，有关布朗•费里火灾的建议，1976 年

在这份 NUREG 文件中，第 2.5 节“对反应堆安全的看法：纵深防御”指出：

“……NRC 的主要目标……是确保充分保护公众的健康和安全，并将核电技术带来的风险维持在可接受的低水平。这主要是指对放射性物质的控制，并防止其大量释放。多重屏障的规定，以及纵深防御的概念，是提供必要的安全保证的手段。”

该报告描述了纵深防御所体现的三个安全层次：

“电站的高质量，包括设计、材料、制造、安装，以及贯穿整个电站寿期的运行和全面的质量保证大纲。”

“提供保护系统，以处理可能发生的运行异常和设备故障。”

“此外，即使采取了预防措施和提供了保护系统，也要提供安全系统以防止或减轻假想的严重潜在事故。”

报告继续指出：

“这些安全层次中没有一个是尽善尽美的，因为人类容易犯错，设备容易发生故障。尽管任何给定的系统都不尽完善，但正是这些多重性和纵深才具备了所需的高度安全。我们的目标是在多个层次之间取得适当的平衡；增加一个层次的强度、冗余、性能或可靠性，可以在某种程度上弥补其他层次的不足。”

4.3.2 NUREG-0578，TMI-2经验教训——工作组状态报告和短期建议，1979年

在这份文件的第 3 节“经验教训工作组的未来工作”中讨论了纵深防御。该报告指出：

“核反应堆安全的基本理念提供了防止放射性释放的多层次保护，即纵深防御的概念。它包括多样、冗余的安全功能、系统以及多个实体屏障（燃料、包壳、一回路冷却剂边界和安全壳）。专项组的结论是，纵深防御的概念是合理的，没有从根本上受到事故的威胁；然而，在确定安全要求时，有必要改进纵深防御理念的实施。”

“在委员会通用设计准则法规（10 CFR 50 附录 A）中规定了提供纵深防御所需系统的功能和通用特性。”

“这些系统的具体设计和性能要求通常是通过分析确定的，因此具体事件的后果在特定的验收准则范围内。例如预期运行瞬态和设计基准事故。在三哩岛，一些安全系统受到了比其设计基准中预期的更大程度或不同方式的威胁。发生的许多事件是已获悉可能发生的，但之前没有被判断为足以需要在设计基准中加以考虑。操纵人员失误、堆芯大面积损坏以及锆合金包壳与蒸汽反应产生大量氢气都被认为是可能发生的事件，但被排除在设计基准之外，因为电站提供了防止此类事件发生的安全措施。专项小组将根据这些情况考虑是否有必要修订或增加通用设计准则或其他要求。要考虑的一个核心问题，是修改或扩展当前的设计基准事件，还是违反概念。例如，对设计基准事故的分析可以修改为包括多重设备故障和更明确地考虑操纵员的行动或无行动，而不是采用传统

的单一故障准则。另外，对设计基准事故的分析可以扩展到包括堆芯裸露或堆芯熔化场景。也可以使用风险评估和明确考虑事故概率和后果，而不是对设计基准事故进行确定性分析。”

该报告还讨论了有关氢气控制和操纵员培训的一些具体纵深防御行动。

4.3.3 NUREG-0585，TMI-2 经验教训——工作组最终报告，1979 年

该文件第 3.3 节深入讨论了基于经验教训的有关建议改进纵深防御，文件指出：

“目前的实践中，在纵深防御概念中，基本上有三个层次的防护使公众免受放射性释放的危害。前两个防护层次的每个都有一个设计目标，其形式是限制某一特征频率的放射性释放。对于正常运行来说，设计目标是在核电站寿期内，使预期会发生一次或多次放射性释放期间，非限制区中流出物的放射性保持在可合理达到的低水平。对于事故条件，目标是在任何一组设计基准事故发生后，将厂外辐照限制在 10 CFR 100 中包含的指导值之内，这些事故代表了经判断完全可能需要考虑的那些事件，像在第 3.2 节‘设计要求’所讨论的。这两层次防护所需的设备、系统和构筑物的功能和通用特性在 10 CFR 50 附录 A 中规定的通用设计准则中载明。”

“第三层次和未明确定义层次的防护将发生事故时减少公众辐照作为设计目标，其中包括第二层次纵深防御所界定的设计基准事故之外的事故。这种防护符合核电站选址（即 10 CFR 100）和应急响应计划（即 10 CFR 50.34 和附录 E）的要求。”

“除了升级应急计划的行动和修改选址要求的提议之外，迄今为止，对 TMI-2 事故进行评估后得出的建议，一般都针对前两级防护改善。也就是说，这些行动通常是为了防止超出当前设计基准的高后果事故，而不是为了减轻这类事故的后果。”

“纵深防御概念的前提是任何层次预防的有效性都是有限的。系统和运行人员之间的意外相互作用和相互关系以及未被发现的发生共模故障的概率限制了任何层次防御的可靠性。TMI 事故就说明了这一点。”

4.3.4 NUREG/CR-1250，1980 年

该 NUREG 报告中指出：

“……许可证会颁发给那些符合安全标准要求和准则的核电站……这些安全标准包括要求在设计和运行工况之间有相当大的裕度，并要求主要和备用设备的冗余，以弥补

以下情况所带来的缺陷，即没有任何知识体系能够完整到将不确定性和风险降低到零的情况下……要求核电站的建造者和运营商采取一切必要的行动，以确保对公众健康和安全带来的风险现在并持续处于可接受的低水平。”

该报告指出，这一安全目标是通过利用纵深防御概念来实现的，该概念要求具备三个安全层次：

“第一层防护要求在设计、建造和运行核电站阶段采取措施，使其在保证高裕度的情况下运行，不会出现可能导致事故的故障。核电站按照保守的标准设计，因此在运行的所有阶段都是安全的，并对错误、非正常运行和部件故障的承受度很高。”

“第二层安全防护要求提供应对措施（在核电站的使用寿命期间必须假设会发生故障或错误）。保护……是由保护装置和系统提供的，这些装置和系统经过设计可以探测到预期的事件和异常情况，并将其安全地阻止或控制。”

“第三层安全防护是对前两层安全防护的补充，要求设计设施和设备能够保护公众，即使在极不可能发生的事故发生的情况下也是如此。这些功能提供的额外安全裕度主要是通过评估核电站对一系列假定事故的响应来评价的……从对这些假定事故的分析中，我们选择了一系列被称为‘设计基准事故’的序列，作为设计附加电站设施和设备的基础，以进一步保护公众的健康和安全。”

除了以上三个安全层次描述外，NUREG 报告还指出：

“……采用纵深防御概念后，可在反应堆燃料中所含的放射性物质与核电站外环境之间设置多重实体屏障。燃料封装在一个密封的金属包壳中；包覆的燃料封闭在一个重钢材质的一回路冷却剂系统中，一回路冷却剂系统被封闭在一个密封的安全壳厂房中。”

4.3.5 三哩岛事故后的定义和例子，1981 年

美国电力研究院（EPRI）核安全分析中心副主任 R. J. Breen 发表了一篇题为《根据三哩岛事故确定的纵深防御安全方法》的论文。Breen 将纵深防御称为一种“概念”，并指出“通过提供连续的防护屏障来防止意外事件的原则通常被称为‘纵深防御’”。

Breen 承认，纵深防御的应用有多种描述方式，然后选择了一种“相当常见的强调功能的三层次描述”，他将其列为以下几点：

①防止事故发生（保守设计裕度等）；

②发现和终止事故的能力；

③保护公众。

Breen 接着提出了一个问题，纵深防御在多大程度上可以量化？他指出，当技术得到更全面发展时，概率风险评价（PRA）的功能之一就是帮助量化纵深防御。在技术得到更全面发展之前，当面对一长串可能的安全增强措施时，问题是要确定哪些措施最有利于安全。他提到 NRC 在 NUREG-660 中使用了积分制，并介绍了核科学咨询委员会（NSAC）和原子工业论坛开发的排序系统。该系统是在以下各项基础上建立的：①受影响的重要事故序列的数量；②规定行动可以实施并将降低风险的可能性；③负面评估（实施拟议行动可能导致的危害或风险）；④实施拟议行动所需的时间。

4.3.6 NUREG-0880，1983 年

在该文件第 11 节“术语表”给出了纵深防御的定义：

“纵深防御在核电站的工程实践中被用于在核电站的设计、建造和运行中保证和控制质量，以减少事故发生的可能性；安装备用系统，以减轻核电站重要系统故障的后果，并防止个别故障升级为重大事故；安装专设安全设施，以限制某些假想的重大‘设计基准事故’的后果；减少对公众健康和安全的影响。它还涉及将核电站选址在人口密度低以及远离自然灾害或人为危害的地区，并要求可靠的保证，即在发生严重事故时，持照者、州和地方当局能够并将采取充分的防护措施。”

4.4 1986—2002 年的历史回顾

在此期间，纵深防御在 NRC 政策声明中被广泛提及，ACRS 成员表达了涉及纵深防御的各种观点。正是在这个阶段，讨论更侧重将纵深防御作为处理严重堆芯损坏事故的手段。如同将风险作为纵深防御有效性的衡量标准（例如，纵深防御的量化）一样，讨论了与所期望的堆芯损坏和安全失效频率概念相关的预防和缓解之间的平衡。

4.4.1 NRC 政策声明，1986 年，1994（2008）年，1995 年

“纵深防御”一词在三份 NRC 政策声明中被明确提及：委员会关于安全目标政策声明（1986 年）、委员会关于先进反应堆监管的政策声明（1994 年/2008 年）和委员会关

于 PRA 的政策声明（1995 年）。除举例和表达含义外，这些文件都没有对纵深防御进行定义。

委员会关于安全目标政策声明（1986 年）包含以下论述：

“委员会认识到减轻堆芯熔毁事故后果的重要性并继续强调将以下特征（如安全壳、在人口较少的地区选址以及应急计划）作为与事故预防和缓解理念相关的纵深防御概念的组成部分。”

“……概率论结果也应通过使用确定论观点得到合理的平衡和支持。这样，决策者就可以对这些估计和假设的置信度作出判断。这是一项关键步骤，用于确定针对特定决策可能需要的监管保守程度。这种纵深防御的方法有望继续确保公众健康和安全。”

“为了防止事故发生并减轻其后果，纵深防御方法已成为强制要求。重点是选址在人口较少的地区。此外，具备应急响应能力已成为强制要求，以便为周围人群提供额外的纵深防御保护。”

两位委员个人提出的额外意见（不是委员会的政策）如下：

“……委员会本应制定一项强调预防事故和减轻事故的政策。这种政策对于指导确保纵深防御的原则得以维持是必要的。”

“为了确保预防事故和事故缓解之间的适当平衡，在发生严重堆芯损坏事故时，安全壳失效的平均频率应低于每 100 次严重堆芯损坏事故中发生 1 次安全壳失效。”

“……安全壳性能目标是确保维持纵深防御原则的一个要素。”

“因此，与委员会长期以来的纵深防御理念相一致，堆芯熔化和安全壳性能标准都应成为委员会安全目标的明确组成部分。”

“……这些内容缺乏主题。向公众健康提供有意义的保证、对核管理委员会工作人员进行实质性指导；行业未来的监管路径——所有这些都应在与委员会的‘纵深防御’理念相一致情况下，通过以下明确的声明来提供：

①通常情况下，预计不会发生严重的堆芯损坏事故……

②安全壳性能……这样严重的事故……预计不会发生……

③在对不确定性进行保守考虑后，应该有望实现厂外后果的目标……”

委员会关于先进反应堆监管的政策声明（1994 年/2008 年）包含以下论述：

“结合纵深防御理念的设计通过保持多重屏障防止放射性释放，并通过降低可能性和后果来应对严重事故。”

在委员会关于 PRA 的政策声明（1995 年）中，NRC 回应公众对 PRA 作用的评论，称“委员会无意用 PRA 取代传统的纵深防御概念……”

在回应公众对 PRA 方法的意见时，NRC 指出：

“基于确定论的法规在保护公众健康和安全方面取得了成功，PRA 方法在聚焦传统的、基于确定论的法规并支持纵深防御理念时是最有价值的。”

在对确定论和概率论监管方法的讨论中，关于纵深防御的理念，NRC 指出：

“在纵深防御理念中，委员会认识到，安全不能完全依赖于核电站的设计、维护或运行的任何单一要素。因此，PRA 方法的扩大使用将继续支持 NRC 的纵深防御理念，允许对安全水平进行量化，并帮助识别和解决薄弱环节或应用于核工业的过于保守的监管要求。纵深防御是 NRC 采用的一种使‘主动’安全系统的设施（例如，商用核电站）具备冗余的理念，同时也是防止裂变产物释放的多重屏障方法的理念。”

政策声明本身指出“PRA 方法的使用应该……补充 NRC 的确定论方法，并支持 NRC 传统的纵深防御理念”。

4.4.2 NUREG/CR-6042，反应堆安全的视角，1994 年

NUREG/CR-6042《反应堆安全的视角》是由 F. E. Haskin（新墨西哥大学）和 A. L. 坎贝尔（桑迪亚国家实验室）于 1994 年发布的，描述了 NRC 技术培训中心提供的为期一周的反应堆安全概念课程，通过列出“20 世纪 50 年代初开始出现，后被称为纵深防御的整体安全策略的关键要素”来介绍纵深防御。

所列出的关键要素是事故预防、安全系统、安全壳、事故管理、选址和应急计划。

4.4.3 NUREG-1537，第 1 章，1996 年

该文件第 1 章第 3 节“构筑物、系统和部件的设计”中规定：

“在 SAR（安全分析报告）这一章，申请者应确定并描述确保反应堆设施安全和保护公众所需的构筑物、系统和部件的主要厂房和工程设计准则。所提供的材料应强调安全和防护功能，以及有助于防止放射性物质不受控制释放的纵深防御相关设计设施。”

第 1 章第 6 节“专设安全设施（ESF）”指出：

“专设安全设施的概念是从多层设计功能的纵深防御概念演变而来的，以防止或减轻事故条件下放射性物质向环境的释放。”

第 1 章第 7 节“仪表和控制系统”，包括管理导则（RG）1.152《核电站安全系统中的数字计算机准则》，发布于 1996 年 1 月，作为附录 7.1。该 RG 规定：

“……核管理委员会的工作人员非常重视纵深防御，以防止功能内和功能之间共因故障的蔓延。纵深防御的原则是为核电站安全面临的威胁提供几个层次或梯队的防御，这样设备故障和人因失误就不会对公众安全造成不当威胁。应进行详细的纵深防御研究、故障模式和影响分析或异常情况或事件分析，以解决共因故障。”

在第 2 章第 1.2 节“关于主要安全考虑因素的总结和结论”中指出：

“审查者应考虑所述准则，以确保安全并评估其在反应堆设施设计中的应用。总结讨论和描述应包括以下安全考虑因素：撤离和保护公众、包容系统或安全壳以控制放射性释放、运行在相较于燃料和包壳的设计能力是保守的热工参数、仪表和控制系统的多样性和冗余性，以及其他纵深防御特征。”

在第 2 章第 6 节中载明了关于上述第 1 章第 6 节提到的基于纵深防御理念的专设安全设施（ESF）演变方面的相同陈述内容。

最后，在审查领域项下的第 2 章第 9.3 节“消防系统和程序”指出：“审查领域应包括以下内容：……讨论用于限制火灾后果的防火大纲和防护设备，包括火灾增强时的纵深防御。”

4.4.4 10 CFR 100，1996 年

10 CFR 100（d）规定了选址方面的纵深防御：

“委员会计划在反应堆选址方面采用传统的纵深防御方法，以确保公众安全。选址远离人口密集的中心一直是并将继续是评估厂址批准申请的一个重要因素。”

4.4.5 杰克逊主席在麻省理工学院的演讲，1997 年

杰克逊主席在麻省理工学院（MIT）核反应堆安全课程的演讲中指出：

“……NRC 的安全理念包括几个密切相关的要素：纵深防御、持照者责任、安全文化、监管有效性和对公众负责。无论在何处，保护或安全措施的潜在失效可能导致严重的公共或国家安全后果，纵深防御会确保将连续措施纳入核设施的设计和运行程序，以补偿这种失效。”

4.4.6 汤姆·克雷斯对纵深防御的几点思考，1997 年

在 1997 年 8 月 27 日的 ACRS 小组委员会会议上，克雷斯博士发表了一篇关于纵深防御的论文。在论文中，克雷斯博士指出，在很长一段时间的监管历史中，用于确定风险的技术和工具都没有得到很好的开发，监管机构也无法获得定量风险。他接着说，NRC 确立了一种被称为纵深防御的监管理念，可以被视为在三个“层次”的保护之间实现平衡：防止事故的发生、阻止（或限制）事故的发展，以及在裂变产物意外释放时作疏散准备。这三个层次的保护中每一个都要通过提供多个独立的预防措施来实现所需的功能。他还指出，“平衡”并不意味着“平等”。

关于这三个层次，他解释说，第一层（纵深防御）通过包括施工质量、质量保证（QA）、试验和维修、监督以及冗余和多样化应急电源等方面的预防措施来实施。第二层包括多个实体屏障、冗余和多样化的停堆系统等。第三层包括选址规定以及疏散和隐蔽。实施这种纵深防御后导致以下观点，即 NRC 所做的每件事情都是纵深防御的一部分，并且很难分离出哪些被认为是纯粹的纵深防御要求的事情。

克雷斯博士认为，纵深防御的所有方面都反映在 PRA 中。第一层防御反映在各种事故序列的初始事件频率上；第二层防御反映在堆芯损坏频率（CDF）、安全壳条件失效概率（CCFP）和早期大规模释放频率（LERF）上；第三层防御反映在涉及早期和晚期死亡事故以及土地污染的最终条件风险度量中。他的结论是，PRA 结果可被视为纵深防御整体实施有效性的衡量标准。此外，使用纵深防御将是降低风险和不确定性的一种手段；纵深防御是一种指导监管过程的理念，纵深防御的规定和要求是隐含和分散的，贯穿整个监管活动和法规。这些监管活动和法规已经阐明了必要和充分条件。

克雷斯博士同意需要制定一份政策声明，它将描述三层次防御。对于第一层和第三层，似乎没有进一步澄清的必要或依据。对于与设计和硬件问题最密切相关的第二层，可能需要进一步澄清。特别需要澄清的是 CDF 和 CCFP 之间适当监管平衡的内容是什么。

他提供了一些关于制定政策声明的合理方法的看法：

- 假设目前对第一层和第三层要素的规定和要求是足够的；
- 建立“N+1”作为纵深防御原则；
- 建立考虑不确定性的 CDF 和 CCFP 的风险接受准则；
- （通过专家判断）在 CDF 和 CCFP（或 LERF）之间建立适当的监管平衡；

● 强制要求某些第二层纵深防御的特性（例如，冗余和多样化的停堆系统、ECCS 和长期冷却，安全壳）；

● 强制要求安全壳设计容纳所有严重事故载荷，不能仅因其体积、强度和自然传热特性而失效。

4.4.7 PSA 论文，1999 年

在 1999 年的概率安全分析（PSA）会议上，J. N. 索伦森等发表了一篇题为《论纵深防御在风险指引型监管中的作用》的论文。作者指出“关于纵深防御的范围和性质，存在两种不同的思想流派（模型）。这些模型后来被称为‘结构主义’和‘理性主义’”。

该论文对这两种模型进行了讨论：

“结构主义模型主张，纵深防御体现在法规的结构和为遵守这些法规而开展的设施设计中。对纵深防御的要求是通过反复探讨以下问题而得出的，即如果这个屏障或安全设施失效了怎么办？这一过程的结果记录在法规本身，特别是记录在 10 CFR 中。在该模型中，必要和充分条件是那些可以从 10 CFR 中得出的内容：该模型的一个特征是必须在高层防线之间保持平衡，例如，阻止事故发生，快速终止事故序列，缓解未成功终止的事故。其中一个结果是，某些安全规定，例如反应堆安全壳和应急计划，无论我们对其需要的可能性评估如何，都必须加以制定。仅仅依靠事故预防并不能达到足够的保护水平。”

“理性主义模型主张，纵深防御是为了补偿我们对事故开始和进展的认识中的不确定性和不完全性而作出的各项预防措施的总和。”

“发展使用概率风险评价技术来量化风险和评估不确定性，会使这个模型变得实用。理性主义者设想的过程是：①建立定量验收准则，如定量健康目标、堆芯损坏频率和早期大量放射性释放频率；②使用 PRA 方法对系统进行分析，以确定满足验收准则；③评估分析中的不确定性，特别是由于模型不完备而导致的不确定性，并确定应采取哪些步骤来补偿这些不确定性。在这个模型中，纵深防御的目的是增加对 PRA 或其他分析结果的置信度，以支持已经达到足够安全性的结论。”

“这里的基本理念是，事故发生的概率必须低到可以接受的程度。为达到足够低的事故概率而制定的预防措施是纵深防御。应当指出的是，纵深防御可以体现在输入设计

过程的安全目标和验收准则中。例如，在选择堆芯损坏频率和安全壳条件失效概率的目标时，要对预防和缓解之间的平衡作出判断。”

理性主义模型与结构主义模型的区别在于，它在多大程度上依赖于建立定量的验收准则，然后在分析方法允许的范围内进行规范的分析，包括对不确定性的分析。在分析能力已经耗尽之后，就要进行工程判断，以确定纵深防御措施的种类和程度。

作者提出了两种选项：

①纵深防御作为风险分析的补充（理性主义观点）；

②高层结构主义观点和底层理性主义观点。

“选项①要求监管架构发生重大变化。监管层级中纵深防御的位置必须改变。PRA 政策声明不能再将 PRA 降级为支持纵深防御的位置。纵深防御将成为整体安全分析的一个要素。”

“选项②在很大程度上与当前的监管架构相容。纵深防御的结构主义模型将被保留为高级别的安全理念，但理性主义模型将被应用于较低等级的安全层次。”

作者认为“选项②是一种协调纵深防御与风险指引型监管的实用方法”。然而，“理性主义模型，即选项①，最终将为风险指引型监管提供最强大的理论基础”。

4.4.8 NRC 白皮书，1999 年

杰克逊主席在 1999 年 3 月的白皮书中提出了她对纵深防御的看法。在白皮书中，她指出：

“纵深防御的概念一直是并将继续是核领域监管实践的基本原则，特别是在核设施方面。对风险的见解可以通过将纵深防御的要素量化到可行的程度，使其更加清晰。尽管与某些重要防御要素相关的不确定性可能真实存在，但这些要素和被量化的不确定性有助于确定防御在多大程度上具有监管意义。通过识别涉及整体性能的各防御系统的性能而获得的风险见解，从而决定防御要素的充分性或必要性。”

“……纵深防御是 NRC 安全理念的一个要素，当核设施发生故障、事故或自然引起的事件时，采用连续的补偿措施来防止事故或减轻损害。纵深防御理念确保安全不会完全依赖于核设施的设计、建造、维护或运行的任何单一要素。将纵深防御纳入设计、建造、维护和运行的影响使相关设施或系统往往更能承受故障和外部威胁。”

4.4.9 ACRS 信函，1999 年和 2000 年

多年来，ACRS 在许多信件中提出了他们对纵深防御的见解；然而，有两封关于反应堆和核材料的具体信函（1999 年和 2000 年）对纵深防御进行了详细讨论。

委员会对反应堆的看法是在 1999 年 5 月 19 日致主席雪莉 • 杰克逊的题为“在风险指引型监管体系中纵深防御的作用”的信中提出的。在这封信中，委员会讨论了在风险指引型监管的背景下，概率风险评估和纵深防御之间的适当关系和平衡。委员会指出：

“将核电站作为综合系统进行分析的能力的提高，正促使我们重新考虑纵深防御的作用。在现代分析无法解决或无法完全解决的领域，或当分析结果相当不确定时，纵深防御仍然可以提供所需的安全保证。为了避免纵深防御的有用要素与定量风险评估方法所能带来的好处之间的冲突，必须对纵深防御的应用施加必要和充分的约束，这些约束必须以某种方式与我们评估风险的能力相关的不确定性有关。”

“我们认为，对纵深防御的两种不同看法是显而易见的。一种观点（结构主义者）认为，纵深防御应该应用多种冗余措施来识别、预防或减轻事故，使设计达到安全目标。这是核电站设计者的普遍观点。”

“另一种观点（理性主义者）认为，在风险指引型监管方案中，纵深防御的适当作用是对风险分析的不足、不完整和遗漏的补偿。我们在这里选择将这些不足、不完整和遗漏统称为不确定性。”

“纵深防御措施是指那些应用于电站设计或运行的措施，目的是将总体监管目标确定中的不确定性降低到可接受的水平。理想情况下，风险评估结果的不确定性与实施纵深防御的程度之间应呈负相关关系。对于那些可以直接评估的不确定性，纵深防御与不确定性之间的这种负相关应该在复杂的 PRA 不确定性分析中体现出来。”

“当应用纵深防御时，需要对纵深防御措施的必要性和充分性进行尽可能定量的论证。”

“除非纵深防御措施在必要性和充分性方面得到证明，否则风险指引型监管的全部好处将无法实现。”

“如果有比我们现有的更详细的风险接受准则，将大大促进定量风险评估方法的使用和适当实施纵深防御措施。制定附加的风险接受准则必须考虑现有法规中体现的安全目标……政策的作用是设定这样的接受值，非常像设定安全目标值。意图通过纵深防御

来补偿所有的不确定性（包括认知性的和偶然性的）。并非所有这些都是在正常的 PRA 不确定性分析中直接评估的。因此，当接受值被加上不确定性时，就必须恰当考虑未经 PRA 直接量化的额外不确定性。”

“这些考虑因素必须通过判断和专家意见来确定。作为一个实际问题，我们建议仅将接受值加上那些可由 PRA 量化的认知不确定性，但这些不确定性应设置得足够低，以适应未量化的偶然不确定性。”

“当接受值被选择为监管目标及其相关不确定性的政策时，就有可能对那些设计和运行要素所需的纵深防御程度制定客观限制条件，这些要素需要接受 PRA 的评估……”

“CDF 和 CCFP 之间的平衡可以作为这种纵深防御概念的一个例子……在我们看来，必须满足三个验收准则中的每一个——CDF、LERF 和与 LERF 相关的认知不确定性……在 PRA 可以直接对纵深防御措施进行评估的任何情况下，我们相信这种纵深防御的概念可以提供一种合理的方法来制定纵深防御措施的充分性限制条件。然而，我们承认必须进行足够的判断，以限制不确定性，特别是未被 PRA 量化的不确定性。”

“我们同意有必要对纵深防御达成共识，因为它涉及一个风险指引型监管体系，并且在委员会关于风险指引和基于性能的监管的白皮书中提供了一个很好的工作定义：纵深防御是 NRC 安全理念的一个要素，它在核设施发生故障、事故或自然造成的事件时采用连续的补偿措施来防止事故或减轻损害。”

“……在风险指引型监管体系中，改善纵深防御实施的首要需求是指导确定多少补偿措施是适当的，以及这些措施应该有多完善。为了满足这一需求，我们认为以下指导原则很重要:

— 纵深防御主要是作为一种确保公众安全的策略，因为风险评估中存在无法量化的不确定性。补偿措施的性质和范围应部分与不确定性的程度相关。

— 补偿措施的性质和程度应取决于执照活动所构成的风险程度。

— 每项补偿措施的完善程度，在很大程度上是一种价值判断，因此是一个政策问题。”

关于核反应堆，委员会指出：

“……CDF 分布应该决定是否由于模型不充分而需要额外的补偿措施。一般来说，这类措施添加得越多，该分布就越向较低的频率值偏移。什么样的 CDF 分布是可以接受的，这是一个政策问题。如上所述，目前的反应堆监管体系是在没有利用这些概率分布情况下发展起来的。因此，纵深防御的结构主义方法用于为重要的安全基石确定补偿措施，以满足由代表性的重要事故序列确定的设计基准事故的验收准则。”

4.4.10 ACNW/ACRS 联合小组委员会，2000 年 1 月 13/14 日

召开联合小组委员会会议重点讨论了纵深防御。以下是报告中与反应堆相关部分的摘要。

纵深防御：10 CFR 50 风险指引的视角，汤姆·金，加里·霍拉汉

发言者指出，纵深防御理念包含在反应堆法规、许可证审批和持照者修订过程以及反应堆监督流程中。纵深防御包括对裂变产物的多层防护，例如陶瓷燃料芯块、金属包壳、反应堆容器和管道、安全壳、隔离区、低人口区和疏散计划、人口中心距离等。通用设计准则（GDC）对纵深防御作出了规定，如 GDC1-5、GDC10-18、GDC20～29、GDC30～46、GDC50～57、GDC60～64 等。反应堆监督流程基础也是纵深防御的概念。

发言者认为，应该制定纵深防御的工作定义，该定义确立了建立风险指引的 10 CFR 50 的方法。该定义应规定多道防线、预防和缓解之间的平衡以及应对事故场景不确定性的框架。它应由两部分组成：在所有情况下都应提供的基本要素，以及可能因不确定性、可靠性以及风险目标而有所不同的实施要素。基本要素应建立在基础概念之上，确保预防和缓解，并确保预防和缓解之间的平衡，以实现与 CDF 和 LERF 目标一致的总体安全水平。

实施要素将根据需要以可变化的方式使用冗余、多样性、质量保证（QA）、设备鉴定（EQ）、在役试验（IST）、安全裕度等，以实现可靠性和风险目标以及预防和缓解的平衡。

PRA 不完善时基于风险的监管体系中的纵深防御设计，汤姆·克雷斯

克雷斯博士指出，纵深防御是处理风险评估中不确定性的设计和运行策略。然而，他进一步指出两个问题：①纵深防御在风险评估方面不构成精确的定义；②不存在允许对纵深防御进行限制的定义或准则。

克雷斯博士指出，纵深防御理念包括四项原则：防止事故开始（始发），在事故发展到不可接受的后果之前在早期阶段制止事故（干预），减轻灾害物的释放（缓解），并提供足够的仪表来诊断任何事故的类型和进程（诊断）。基于这些原则，他提出了纵

深防御的定义："设计纵深防御是一种提供设计设施以实现可接受风险（考虑到不确定性）的策略，将降低风险的措施在预防和缓解之间均衡分配。"

克雷斯博士最后建议给纵深防御设定界限。他称必须有期望分配的风险接受准则（最好用置信水平来表达），虽然可量化的不确定性应该来自 PRA，但不可量化的不确定性应该由专家意见来估计，并且验收准则应该包括这两种不确定性。此外，分配是一种价值判断，需要有准则来衡量预防与缓解的价值。他进一步指出，分配可能取决于几个因素：固有危害的程度（活动越危险，越应重视预防），风险评估中的不确定性程度，以及这种不确定性有多少是无法量化的。在确定性空间中，他指出，人们可能希望最小化不确定性，而对纵深防御程度的选择可能基于决策理论的"损失函数"。

纵深防御，罗伯特·伯内罗

伯内罗博士指出，纵深防御可以通过解决以下问题来加以考虑：

"什么是纵深防御？纵深防御是 NRC 安全理念的一个要素，当核设施发生故障、事故或自然造成的事件时，纵深防御采用连续的补偿措施来防止事故或减轻损害。纵深防御理念确保安全不会完全依赖于核设施的设计、建造、维护或运行的任何单一要素。将纵深防御纳入设计、建造、维护和运行的效应是，相关设施或系统将具备更强的容错能力。纵深防御并不是提供充分保护的方案；它是安全理念的一部分，是一种安全分析策略。"

"是否存在纵深防御的总体理念？是的，作为一种安全分析策略，纵深防御可以防止对单一事件、设计功能、屏障或性能模型的过度依赖。它不是可接受性的方案；纵深防御可能不足以防御。它是一种风险指引型策略，应该达到足够的安全裕度，距离可接受水平保持一定的裕量。"

"目前的安全目标和目的对于通常使用是否是清晰的？不，它不是通用的。保护的范围包括公众安全、工作人员安全、患者安全、环境保护。授权的实践范围包括反应堆、燃料循环设施、工业和医疗用途，豁免分销和运输。"

"纵深防御在核反应堆风险指引型监管中的作用是什么？不适用于日常释放。它是评估严重事故分析领域的基础，例如，地震安全、反应堆压力容器（RPV）破裂、蒸汽发生器传热管破裂、误操作。这是一个有分级目标的分级防御。"

"纵深防御在放射性材料加工和使用的风险指引型监管中的作用是什么？有时可能适用于日常释放，例如，豁免产品。它需要分级防御的分级目标。需要通过考虑潜在的后果、潜在的屏障、潜在的行动和平衡的防御选择来进行思考。它有‘棘手’的问题，例如患者安全和医疗质量保证。”

论纵深防御的量化，约翰·加里克

加里克博士的报告提出了一个概念性框架，用于量化核电站和核废料贮存库提供的防止向公众和环境释放辐射的各层次防护的纵深防御。他提出的方法的主要特点是如何更好地使用 PRA 结果来量化和显示各种纵深防御系统的性能，这些系统旨在提供多层级的防辐射释放保护。他指出，使用 PRA 和概率性能评价（PPA）来确定多层防御投资是否合算，以及我们或多或少是否需要理解单个安全系统在防止辐射释放到环境中的作用，以及单个系统协同行动的效果。他的方法包括自上而下检查风险与功能、系统以及部件的性能之间的对比关系。

4.4.11　10 CFR 50 附录 R，2000 年

提及反应堆安全时，“纵深防御”一词仅出现在 10 CFR 50 附录 R（“1979 年 1 月 1 日前核电设施运行的防火大纲”）的规定中，而且只出现过一次。

具体表述出现在第 IIA 节通用要求——防火大纲，其中规定：

“防火大纲应将纵深防御的概念扩展到对安全重要的火灾区域的消防，其目标如下：

— 防止火灾发生；

— 迅速探测、控制并及时扑灭确实发生的火灾；

— 为对安全至关重要的系统、构筑物和部件提供保护，使未及时扑灭的火灾不会妨碍电站的安全停堆。”

2000 年 6 月，NRC 修订了附录 R，取消了防火屏障贯穿件密封材料不可燃的要求，并做了其他一些改动。作为规则变更的一部分，收到了与纵深防御有关的公众意见：

“通过接受可燃的贯穿件密封，NRC 正在降低纵深防御水平，而没有从各种广泛记录的因素来全面分析导致密封加速烧穿的风险。”

4.5　2002 年至今的历史回顾

在此期间，似乎有更多的自上而下的方法（框架）来实施纵深防御，并重新强调 NRC 的整体纵深防御理念。

4.5.1 现有和先进反应堆的风险指引型纵深防御框架，2002 年 7 月

卡尔·弗莱明（Karl Fleming）和弗雷德·西拉迪（Fred Silady）撰写了一篇论文，对当前纵深防御定义进行了回顾，对确定的技术问题提供了解决方案，并提出一个可用于任何反应堆的定义。

该论文指出，随着时间的推移，纵深防御的定义已经从采用多道防线的一套简单策略演变为一套更全面的基础、策略和手段，以保护公众健康和安全。基于各种定义，该论文将这些定义分为设计纵深防御、过程纵深防御和场景纵深防御。

设计纵深防御侧重在设计阶段实施的策略，包括固有特性的选择、反应堆特定安全功能的定义，以及与固有特性一起支持放射性核素屏障维护的非能动和能动工程安全设施。

过程纵深防御为核电站寿期中作出的决策设定了要求和标准，这些决策有助于核电站安全，并且是支持核电许可证审批和监管的决策重点。

场景纵深防御通过确定性和概率方法的适当组合，为安全性评估提供了一个框架，并在确定设计和过程纵深防御决策的实施程度过程中充当“鉴定者”。

该论文提供了关于将风险见解纳入纵深防御定义的见解。这些见解的总结包括：

- 风险是由超设计基准事件所主导的；
- 超设计基准事件并不总是罕见的；
- 放射性核素屏障并不是独立的；
- 安全壳可以缓解一些超设计基准事件；
- 安全壳一般不是一个独立的屏障；
- 共因故障对冗余能动系统的影响需加以重视。

4.5.2 NEI 02-02，2002 年

美国核能研究所（NEI）成立了一个“新电站监管框架专项组”，负责为商业核反应堆制定一个新的、可选的、风险指引和基于性能的监管框架，主要侧重技术和运行要求。该专项组的成果记录在 2002 年 5 月发布的白皮书 NEI 02-02 中，题为《动力反应堆的风险指引、基于性能的监管框架》。该论文包括关于“如何在风险指引、基于性能的制度下看待纵深防御”的讨论。

该论文为风险指引型、基于性能的监管框架规定了原则，其中一个原则是：

“该框架应通过包括设计、建造、监管性监督和运行活动在内的要求和过程提供纵深防御。对于具有高度不确定性并对公共健康和安全产生重大影响的事件，应通过采用确定性设计和运行设施来提供额外的纵深防御。”

该论文为实现其确定的纵深防御定义原则提供了指南。该指南包括一系列迭代步骤：

（1）第一步是完成初步设计。

（2）第二步是对设计进行包括 PRA 的风险评估。此时，可以对设计进行修改，以满足风险接受准则（需要定义）以及国内工业界和持照者的指南要求。基于对设计的任何修改结果，PRA 将进行更新以反映这些变化。

接下来的一系列步骤涉及处理不确定性。该论文指出，“实施纵深防御，以补偿不可接受的风险不确定性”。这些步骤“立足于反应堆监督程序中建立的基础，包括设计、建造、监管性监督和运行活动”。

（3）第三步涉及识别关键的不确定因素。

（4）第四步是对识别不确定性的可接受性进行评估。如果判定不确定性是可接受的，则可以认为该设计是最终设计。但是如果判定不确定性是不可接受的，则定义“四个纵深防御选项”。

（5）第五步将这四个选项定义为：

- 确定风险管理活动；
- 增加性能监测；
- 增加安全裕度；
- 增加冗余或多样性。

（6）第六步重新评估不确定性的可接受性。如果判定不确定性是可接受的，则可以认为该设计是最终设计；然而，如果判定不确定性是不可接受的，则需重新审视设计和 PRA。

4.5.3 关于 Davis Besse 的请愿书，2003 年

2003 年 2 月 3 日，美国众议院俄亥俄州第 10 国会选区代表，国会议员丹尼斯·库西尼奇（Dennis Kucinich）提交了一份请愿书，要求 NRC“立即撤销第一能源核运营公司（持照者）运营戴维斯-贝斯（Davis Besse）核电站 1 号机组的许可证”。NRC 主任

的决定指出：

NRC 保护公众健康和安全的方法是基于“纵深防御”的理念。简单地说，这一理念：

（1）要求应用保守的规范和标准，在核电站的设计中建立实质性的安全裕度；

（2）要求核电站高质量地设计、建造和运行，以减少发生故障的可能性，并促进使用自动安全系统驱动设施；

（3）认识到设备可能会发生故障，操作人员可能会犯错，因此需要安全系统和部件的冗余，以减少故障或错误导致从燃料中释放裂变产物事故的可能性；

（4）认识到尽管有这些预防措施，严重的燃料损坏事故可能无法完全防止，因此需要安全壳结构和安全设施来防止裂变产物的释放；

（5）进一步制定并定期实施全面的应急计划，以确保能够并将采取行动，通知和保护核设施附近的公民。

4.5.4　10 CFR 50.69，2004 年

2004 年 11 月，发布了关于“核电反应堆构筑物、系统和部件的风险指引型分类和处理”的最终规则（10 CFR 50.69）。在宣布最终规则的联邦注册公告（FRN）中，有几处讨论了纵深防御。

作为背景讨论的一部分，最终规则在 FRN 中指出：

“纵深防御是 NRC 安全理念的一个组成部分，即在核设施发生故障、事故或自然事件时，采用连续的措施来防止事故或减轻损害。纵深防御是 NRC 的一种理念，用来提供冗余以及防止裂变产物释放的多重屏障方法。纵深防御理念确保安全不会完全依赖于核设施的设计、建造、维护或运行的任何单一要素。将纵深防御纳入设计、建造、维护和运行的最终效果是，相关设施或系统往往更能承受故障和外部威胁。”

“在风险指引型监管体系中，改善纵深防御实施的主要需求是确定有多少措施是合适的，以及这些措施应该具备怎样的完善程度。考虑到工程分析（确定论评价和风险评价）中存在未量化或不可量化的不确定性，纵深防御不是仅仅依赖底线风险评估，而是被称为一种确保公众安全的策略。”

“将纵深防御的要素量化到切实可行的范围内，这样对风险的见解便可使纵深防御的要素更加清晰。尽管与某些防御要素重要性相关的不确定性可能很大，但这些要素和不确定性被量化后有助于确定从监管角度来看，防御要达到怎样的程度才是合适的。”

“关于防御要素的充分性或必要性的决定，应反映出对风险的见解，可通过以下方式获得该见解：识别与整体性能相关的每个防御系统的单独性能。”

以下论述是附录J安全壳泄漏试验范围缩小基础的最终规则的一部分：

“由于大多数安全壳隔离阀（CIV）很可能被归类为 RISC-3，持照者或申请人必须评估 RISC-3 安全壳隔离阀处理的拟议变化，以合理的置信度确保 RISC-3 安全壳隔离阀能够在设计基准工况下执行其安全相关功能，从而确保维持纵深防御。虽然持照者或申请者可以灵活地解决这个问题，但该规则要求持照者或申请者以合理的置信度确保 RISC-3 安全壳隔离阀能够履行其安全功能，以维持 RG 1.174 中讨论的纵深防御。”

10 CFR 50.69（c）（1）（iii）要求分类过程保持纵深防御。在 FRN 中，该部分内容指出：

“……为满足这一要求，当将构筑物、系统和部件（SSC）分类为低安全重要度时，综合决策流程（IDP）必须证明纵深防御得到了维持。如果核电站系统和屏障之间的总体冗余和多样性足以确保满足第 V.4.4 节中讨论的风险接受指南，那么纵深防御是充分的，以及：

— 在防止堆芯损坏、防止安全壳失效或旁路以及减轻厂外释放后果之间保持合理的平衡。

— 系统冗余、独立性和多样性与挑战的预期频率、系统故障的后果以及确定这些参数时的相关不确定性保持一致。

— 没有过度依赖程序化活动和操作人员的行动来弥补电站设计中的薄弱环节。

— 考虑了共因故障的可能性。”

“委员会的立场是，安全壳及其系统对于保护纵深防御（就早期大量释放和晚期大量释放而言）都很重要。因此，作为满足纵深防御原则的一部分，持照者应证明，当支持该功能的 SSC 被转移到 RISC-3（例如，安全壳隔离或安全壳排热系统）时，安全壳作为屏障的功能（包括裂变产物的滞留和去除）不会显著降级。为确保防止堆芯损坏所需功能而提出的纵深防御概念，也有助于解决与保持长期安全壳完整性所需的 SSC 相关的问题。如果持照者将安全壳隔离阀或贯穿件分类为 RISC-3，则持照者应在处理中解决变化的影响，以确保继续满足纵深防御的要求。”

4.5.5 美国核管理委员会主席尼尔斯·迪亚兹的讲话，2004 年

2004 年 6 月 3 日，在以“最佳计划：准备计划案例研究”为主题的第三届年度国土安全峰会上，迪亚兹主席发表了题为《最佳计划（NRC 的纵深防御理念）》的演讲。他指出，纵深防御：

“……真的不只是一种理念：它是一项行动计划，一种确保防护的方法。‘纵深防御’的概念是我们确保公众健康和安全的核心，它超越了设备的范畴。此外，它要求高质量的设计、制造、施工、检查和测试；再加上裂变产物释放的多重屏障；加上安全设备的冗余和多样性；加上程序和策略；最后，是应急准备，包括与地方当局的协调、防护、疏散和/或预防性药物的管理（如碘片）。这种方法既能应对预期情况，也能应对意外情况；它实际上考虑了失效的可能性。‘9·11’事件给这个国家带来了对战争的新认识，即在 21 世纪的美国，确保人身安全和应急准备很重要。‘9·11’事件后对突出安全问题的回顾是，如何确保反应堆安全、安保和应急准备之间的紧密联系。避免和减轻反应堆事故所涉及的许多问题与预防和减轻恐怖主义行为所涉及的问题相同。事实是，核反应堆对承受严重外部事件（飓风、龙卷风和洪水）的构筑物的设计要求，以及对具有冗余应急堆芯冷却、冗余和多样化散热、防火设施和全厂断电缓解能力的安全系统的设计要求提供了应对恐怖袭击企图的手段。现有的应急运行规程和强化的严重事故管理指南非常适合于减轻事故或蓄意袭击对核电站的影响。即使恐怖分子使用大型飞机造成不太可能发生的辐射泄漏事件，NRC 的应急计划仍然有效。纵深防御为使用正确的防护策略提供了所需的时间。

我刚才为核电站提出的分析、结论和深刻见解也适用于乏燃料池，因为它们也是精心设计、受到保护的构筑物，如果需要，可以采取简单有效的缓解措施……核设施的纵深防御工作。这绝对是全面准备计划的一个案例研究。”

4.5.6 数字仪表与控制，1994 年，1996 年，1997 年，2007 年，2009 年

有几个文档讨论了关于反应堆保护的纵深防御问题。其中包括 1994 年 12 月发布的 NUREG/CR-6303《执行反应堆保护系统的多样性和纵深防御分析的方法》；1996 年 1 月发布的 RG 1.152《核电站安全系统中的数字计算机准则》；1997 年 6 月发布的 NUREG-0800《审查科技术见解》（BTP）HICB-19《基于数字计算机的仪表和控制系统的纵深

防御和多样性评价指南》；2007 年 3 月发布的 NUREG-0800《标准审评大纲》（SRP）BTP 7-19《基于数字计算机的仪表和控制系统的纵深防御和多样性评价指南》；2009 年 6 月发布的 DI&C-ISG-02《数字仪表和控制》。

NUREG/CR-6303，1994 年

NUREG/CR-6303《执行反应堆保护系统的多样性和纵深防御分析的方法》指出：

“纵深防御是核反应堆设计、建造和运行的一项长期存在的原则，可以认为需要以同心方式布置保护屏障或措施，在有害物质或危险对人类或环境产生不利影响之前，必须突破所有屏障或措施。防止反应堆辐射释放的三个典型实体屏障——包壳、反应堆压力容器和安全壳——就是纵深防御的一个例子。”

“防御梯队是纵深防御理念在核反应堆仪控系统布置方面的具体应用，旨在实现反应堆操作、停堆和冷却的目的。具体来说，梯队包括控制系统、反应堆停堆或紧急停堆系统、专设安全设施驱动系统（ESFAS），以及监测和指示系统。梯队可被视为以同心方式布置，因为当控制系统失效时，反应堆停堆系统会终止裂变反应；当控制系统和反应堆停堆系统都发生故障时，ESFAS 继续通过冷却燃料来维持防止放射性释放的实体屏障，从而为反应堆操纵员采取其他措施降低反应性留出时间。所有四个梯队都依赖传感器来确定何时执行其功能，一个严重的安全问题是，要确保不超过一个梯队因常见的传感器故障或其直接后果而失效。”

RG 1.152，1996 年

该管理导则描述了一种 NRC 工作人员可以接受的方法，该方法符合委员会关于促进核电站安全系统中使用数字计算机高的功能可靠性和设计质量的规定。

该管理导则指出了工作人员担忧的问题，即冗余设备共因故障以及软件编程错误可能的蔓延会破坏硬件架构结构所实现的冗余。由于这种担忧，RG 指出，“NRC 的工作人员非常重视纵深防御，以防止功能内部和功能之间常见故障的蔓延”。

此外，RG 指出，“纵深防御的原则是为电站安全的威胁提供几个层次或梯队的防御，这样设备故障和人因失误就不会对公众安全造成不当威胁。应对共因故障进行详细的纵深防御研究和故障模式及影响分析，或对异常情况或事件进行分析”。

NUREG-0800，BTP HICB-19，1997 年

该 BTP 的主要目标之一是“验证在设计中是否提供了足够的纵深防御，以满足 NRC 标准建立的要求”。

BTP 提供与 NUREG/CR-6303 中列出的相同的四个防御层次，并提供了相关的验收指南：

“控制系统——控制梯队由非安全设备组成，用于日常防止反应堆偏离不安全运行状态，同时也用于反应堆的正常运行。”

“RTS——反应堆停堆梯队由安全设备组成，旨在迅速降低反应性，以应对不受控制的偏离。”

“ESFAS——ESFAS 梯队由安全设备组成，这些设备可以去除热量或以其他方式帮助保持三个实体屏障（包壳、压力容器和安全壳）的完整性，以防止放射性释放。”

“监测和指示——监测和指示梯队由传感器、显示器、数据通信系统和操纵员应对反应堆事件所需的手动控制装置组成。”

NUREG -0800，BTP 7-19，2007 年

在 BTP 中，主要目标之一与 BTP HICB-19 中指出的相同。在这个 BTP 中也定义了相同的四个防御层次。

BTP 还提供了需要 D3（多样性和纵深防御）评估的四个观点：

“第 1 点　申请者/持照者应评价拟议仪控系统的 D3，以证明已充分解决共因故障的漏洞。”

“第 2 点　在进行评价时，供应商或申请者/持照者应使用最佳估计或 SAR 第 15 章分析方法，在安全分析报告（SAR）事故分析部分，分析评价的每个事件的每个假定的共因故障。供应商或申请者/持照者应在每个事件的设计范围内证明有足够的多样性。”

“第 3 点　如果假设的共因故障可能使安全功能失效，则应要求采用不同的方法，实现与易受共因故障影响的安全系统功能相同的功能，或采用不同的功能提供恰当保护，并有文件证明不同的方法不太可能受到相同的共因故障的影响。执行多样化或不同的功能可以是非安全系统，如果该系统具有足够好的质量，可以在相关事件条件下执行必要的功能。”

“第 4 点　应在主控制室提供一组显示器和控制器，用于关键安全功能的系统级手动驱动和支持安全功能的参数的监控。显示和控制装置应与第 1 点和第 3 点所确定的基于计算机的安全系统之间相互独立。”

DI&C-ISG-02，2009 年

该临时工作人员指南（ISG）为在数字仪控系统设计中实施多样性和纵深防御

（D3）提供了可接受的方法。该 ISG 与 BTP 7-19 和 NUREG/CR-6303 的细节一致。

4.5.7 NUREG-1860，2007 年

关于纵深防御的全面研究可参见 NUREG-1860《未来电站许可证审批的风险指引和基于性能的监管架构的可行性研究》（也称技术中立框架或框架）。它解决了几个问题：纵深防御的作用应该是什么，如何将纵深防御纳入监管框架，纵深防御的目的是什么，以及纵深防御与不确定性之间的关系如何。该文件指出：

“纵深防御的最终目的是补偿不确定性（例如，由于缺乏新技术和新设计功能的运行经验而产生的不确定性，对安全威胁的类型和程度的不确定性）。”

在 NUREG 报告中，纵深防御的定义为：

“纵深防御是 NRC 安全理念的一个要素，用于处理不确定性，通过采用连续的措施，包括安全裕度，防止和减轻核设施发生故障、事故或自然事件时的损害。”

该框架确定了纵深防御的四个目标：

（1）补偿不确定性，包括在设计阶段其存在仍然未知的无法预料的事件和事件序列。

（2）补偿潜在的缺陷设备性能，以及人为行为（故意的不利行为是其中的一部分）以及遗漏。

（3）保持屏障和防护系统的有效性，确保有多重、通常独立和单独的手段来实现其功能。

（4）如果这些屏障不能完全有效，则保护公众和环境。

“第一个目标强调提供一些手段来抵消意想不到的威胁的重要性。第二个目标解决了设备和人类行为的不确定性。它包括设备设计和制造错误，危害安全的蓄意行为，以及在执行确保安全的程序时的错误或不足。第三个目标解决了构成放射性核素释放屏障的 SSC 性能的不确定性，以及其功能是保护这些屏障的 SSC 的不确定性。最后一个目标强调保护层的概念，因为它解决了在放射性核素释放屏障最终失效的情况下，需要采取额外措施的问题。”

“框架方法……结合了确定论和概率论要素。该方法的两个主要确定性纵深防御要素是：

①确保所有五项防护策略的实施……防护策略是作为一个最小集合根据工程判断进行选择的，提供多道防线，防止事故发生及避免公众和环境暴露于放射性物质中。

②确保纵深防御原则得到遵循以制定发照可能的要求……纵深防御原则是通过检查要处理的各类不确定性，并结合过去成功的实践和与纵深防御相关的经验教训来建立的。”

“该方法的概率要素包括:

①尽可能使用 PRA 来搜索和识别意外场景，包括其相关的不确定性。

②随后建立足够的纵深防御措施，包括安全裕度，以补偿 PRA 模型中量化的那些场景及其不确定性。”

在框架最初确定和定义相关要求和法规时使用了纵深防御方法，以保护策略的形式来定义安全基准，该防护策略在其要求得到满足的情况下，将确保以高置信度保护公众的健康和安全。防护策略提供纵深防御，为公众健康和安全提供多层保护。这五种保护策略及其目标是:

“实物保护的目标是保护工作人员和公众免受可能危及电站安全或导致放射性释放的蓄意行为（例如，攻击、破坏和盗窃）。”

“稳定运行的目标是限制在所有电站运行状态（即满功率、停堆和过渡状态）期间可能破坏电站稳定性和威胁安全功能的事件的频率。”

“保护系统的目标是确保缓解始发事件的系统得到充分的设计，并在可靠性和能力方面充分发挥作用，以满足反应堆所有运行状态下事故预防和缓解的设计假设。协助这些系统和保护屏障的人类行为也包括在内。”

“屏障完整性的目标是确保有足够的屏障来保护公众免受来自各方面的意外放射性核素释放。需要保持足够的功能性屏障，以保护公众和工作人员免受与正常运行和停堆模式相关的辐射，并在发生反应堆事故时限制其后果。屏障可包括物理屏障，以及在物理屏障被突破时能抑制放射性核素迁移的物质的物理和化学形态。”

“保护行动的目标是确保在放射性紧急情况下，如果放射性核素穿透了对其进行控制的屏障，能够充分保护公众的健康和安全。措施包括应急程序、事故管理和应急准备。”

该框架还定义了六项纵深防御原则和一套相关标准，根据每种保护策略的要求进行评估。该框架中定义的原则包括:

“提供了防止蓄意和意外事件的措施——这一原则确保纵深防御措施不仅适用于 SSC 的随机故障或人因失误，还适用于破坏行为、核材料盗窃、武装入侵和外部攻击。

这些措施可以纳入核电站的设计，成为运行实践的一部分，并包括应对入侵或攻击的能力。”

“设计提供了事故预防和缓解能力——这一原则确保在发生电站扰动时限制这些扰动和缓解后果之间的能力分配。在电站的设计和运行中，都阐述了这种分配。这并不意味着能力的平等分配。一些保护策略（稳定运行、保护系统）更具预防性，而另一些（保护行动，以及某种程度上的屏障完整性）更具缓解性。实物保护显然属于这两个领域。通过要求所有的策略都必须纳入电站的设计和运行，来确保提供预防和缓解功能并随时可利用这些功能。”

“关键安全功能的实现不依赖于设计、建造、维护或运行的单一要素——该原则确保电站设计和运行中包含 SSC 和动作的冗余、多样性和独立性，这样就不会有关键的安全功能依赖于设计、建造、维护或运行的单一要素（即 SSC 或动作）。关键安全功能包括：控制反应性、去除衰变热以及实体屏障的功能，以防止放射性释放。”

“在安全分析中考虑了 SSC 和人员表现的不确定性，并提供了适当的安全裕度——这一原则确保，在设定风险和可靠性目标时，包括高水平和支持性的中水平目标，实现这些目标的设计和运行方法考虑了可量化的不确定性，并提供一些保护措施，防止无法量化的不确定性。”

“核电站设计使安全壳具备可以防止不可接受的放射性物质向公众释放的能力——这一原则确保，无论核电站采用哪些设施来防止从燃料和反应堆冷却剂系统（RCS）中产生不可接受的放射性释放，同时如果这种释放有可能超过剂量验收标准，则有额外的措施来防止对公众产生不可接受的释放。该原则的目的是防止未知现象和威胁，即补偿影响源项量级的完备不确定性。”

“电站选址在有利于保护公众健康和安全的地方——这一原则确保受监管设施的选址通过考虑人口密度以及电站选址中自然和人为危害的接近程度来促进对公众健康和安全的保护。与安保问题相关的实物保护方面是选择厂址时的额外考虑因素。选址因素和准则至关重要，应确保正常运行和假想事故产生的辐射剂量低到可接受的程度；在电站的设计中考虑到自然现象和潜在的人为危害；能够制定适当的安保措施来保护电站；确定拟建地点的独特有形特征，这些特征可能严重妨碍应急计划的制订。”

4.5.8 NGNP INL，2009 年

爱达荷国家实验室（INL）于 2009 年 12 月发布了 INL/EXT-09-17139《下一代核电站纵深防御方法》。该文件记录了纵深防御的定义以及确保其原则适用于下一代核电站（NGNP）项目的方法。该文件指出：

“……纵深防御是一种安全理念，采用多道防线和保守的设计和评价方法，确保公众的安全。这一理念旨在提供一种设计，能够容忍在电站性能知识、部件可靠性或操纵员表现方面的不确定性，这些不确定性可能会危及安全。”

对于 NGNP，提出了一个纵深防御框架，定义了三项主要要素：

“（1）电站纵深防御能力反映设计者为确保电站设施的纵深防御，在选择功能、构筑物、系统和部件时所作的决定。”

“（2）程序化纵深防御反映了为确保在整个寿期内电站安全，有关电站的制造、建造、运行、维护、测试和检查过程的决策的过程。”

“（3）对反映事故风险管理策略的制定和评价，包括事故预防和缓解策略的纵深防御进行风险指引型评价。这提供了执行确定性和概率安全评价的框架，有助于确定其他两个纵深防御要素的实施情况。”

对于上述每一个要素，都为其定义了原则和准则。例如，电站纵深防御能力包括：

“……使用多个屏障、多样和冗余的手段来执行安全功能以保护屏障、保守的设计原则和安全裕度、选址，以及使用多道防线和保守的设计方法来保护公众的其他实体和有形要素设计。”

作为风险指引评价纵深防御要素的一部分，提出了一个带有相关准则的决策流程。它评价是否符合制定的频率-后果曲线，并确定是否有足够的预防和缓解措施以及适当的安全裕度，并进一步评价不确定性是否已得到充分解决，以及是否已满足纵深防御原则。如果上述各项要素均已充分地解决，就可以确定对纵深防御有恰当的考虑。如果在决策过程中的任何一点，有一项决策没有得到充分解决，那么需要加强电站纵深防御能力和程序化保证，并重新评价整个决策准则。

4.5.9 RG 1.174，2011 年

该 RG 通过考虑工程问题和应用对风险的见解，为评价拟议执照基准（LB）变更的

性质和影响提供了一种可接受的方法。所提供的导则包括对拟议变更的评价，以确保维持纵深防御的理念。该导则指出：

“传统上，纵深防御理念被应用于反应堆设计和运行中，以提供多种手段来实现安全功能和防止放射性释放。它一直是并将继续是一种有效考虑了设备和人员性能的不确定性的方法，特别是考虑未知和不可预见的故障机制或现象的可能性，这没有反映在 PRA 或传统的工程分析中（因为它们是未知的或不可预见的）。如果进行全面的风险分析，则可以深入了解纵深防御的程度（例如，堆芯损坏预防、安全壳失效和缓解后果之间的平衡）是否适合确保对公众健康和安全的保护。然而，为了应对未知和不可预见的失效机制或现象，应使用或维持传统的纵深防御考虑因素。”

该导则指出，如果出现以下情况，则纵深防御理念得以维持：

“在防止堆芯损坏、防止安全壳失效和缓解后果之间保持合理的平衡。”

“避免过度依赖与执照基准（LB）变更相关的程序化活动作为补偿措施。”

“系统冗余、独立性和多样性与预期频率、系统威胁的后果和不确定性（例如，无风险异常值）保持一致。”

“保持对潜在共因故障的防御，并评估引入新的共因故障机制的可能性。”

“屏障的独立性不能被降级。”

“保持对人因失误的防御措施。”

“维持核电站设计准则的意图。”

4.5.10 NTTF 评审报告，2011 年

2011 年 7 月 12 日，近期专项任务组（NTTF）完成了对福岛第一核电站事故的评估，并在《关于在 21 世纪加强反应堆安全的建议》中发表了调查结果。报告的一个主题就是纵深防御及其提供充分保护的能力。报告中关于纵深防御的陈述如下：

“利用对风险的见解以更均衡的方式采用委员会的纵深防御理念，将提供一个更具逻辑性、系统性、连贯性和更好理解的增强型监管框架。”

“纵深防御理念的应用可以通过纳入超设计基准事件的明确要求而得到加强。”

“这种方法，如果得到实施，将更全面、更系统地应用纵深防御以满足 NRC 的要求，为公众健康和安全提供‘恰当保护’。”

“这次事故同样提供了关于低可能性、高后果事件的新见解，在重新定义恰当保护

水平基础上，确保对纵深防御的增强。”

“NRC 对纵深防御理念的历史承诺，确保设计基准包括多层防御。”

“在关于安全目标的政策声明中，委员会强调了诸如安全壳、选址和应急计划等特征的重要性，它们是‘与其事故预防和缓解理念相关的纵深防御概念的组成部分’。”

“专项任务组发现，纵深防御理念是一个有用且广泛适用的概念。然而，它不容许一个严格的定义，因为它是一种理念。基于审查的目的，专项任务组特别关注了纵深防御概念的下列应用：

— 防止可能导致燃料损坏的外部事件；

— 如果发生此类事故，减轻其后果，重点是防止堆芯和乏燃料损坏以及放射性物质不受控制地向环境释放；

— 应急准备（EP），以减轻放射性释放（如果发生）对公众和环境的影响。”

“纵深防御概念中的每一层纵深防御（即防护、缓解和 EP）在执行其安全功能方面的完整性和有效性都受到严格评估。”

“纵深防御方法的关键是创建多个独立和冗余的防御层，以补偿潜在的故障和外部危害，这样就不会完全依赖单一的防御层来保护公众和环境。”

“纵深防御的第一层是保护。”

“纵深防御的第二层是缓解。”

“如果缓解措施未能成功阻止放射性物质从电站释放，应急计划将确保采取适当的保护措施，以保护公众健康和安全，避免或减少辐射剂量。”

4.5.11 NUREG-2150，风险管理监管框架提案，2012 年

应主席 Gregory B. Jaczko 的要求，成立了一个由委员 George Apostolakis 领导的专项任务组，其章程是制定战略愿景和选择方案，以便在反应堆、核材料、放射性废物、燃料循环和运输方面采用更全面、整体、风险指引、基于性能的监管方法，继续确保核材料的安全可靠使用。在报告中，纵深防御在专项任务组关于拟议的风险管理监管框架的建议中起着关键作用。专项任务组审查了各个监管领域，并指出：

“经过几十年的使用，对于如何定义充分的纵深防御保护，并没有明确的定义或标准。”

“纵深防御的概念已经很好地服务于 NRC 和受监管的行业，并且今天仍然很有价

值。然而，它并没有被一致性地使用，也没有关于纵深防御充分程度的指导。”

“‘纵深防御’一词从 20 世纪 60 年代就开始在确保核反应堆安全的背景下使用。这一概念经发展并应用于弥补人们对核反应堆运行和潜在事故后果的认识不足。”

“风险管理专项任务组（RMTF）审查了一些历史上有助于塑造纵深防御特征的文件。由于这些文件中提供的特征并不完全一致，并且集中在运行动力反应堆上，因此 RMTF 得出结论，澄清美国核管理委员会（NRC）所说的纵深防御是形成整体战略愿景的必要部分。”

RMTF 的纵深防御特征如下：

“提供风险指引和基于性能的纵深防御保护，以：

— 根据存在的危害、相关场景和相关的不确定性，确保适当的屏障、控制和人员来预防、控制和减轻对放射性物质的暴露。

○ 每个屏障都设计有足够的安全裕度，以维持其在相关场景下的功能，并考虑到不确定性。

○ 确保屏障功能所需的系统应设计为确保相关场景的适当可靠性。

○ 屏障和系统需要进行性能监测。

— 确保因部分或全部已建立的屏障和控制装置失效（包括人因失误）而导致的风险保持在可接受的低水平。”

4.5.12 NRC 术语表，现版

NRC 术语表将纵深防御描述为：

“防止和减轻释放辐射或有害物质的事故的核设施设计、运行方法。其关键是建立多个独立和冗余的防御层，以补偿潜在的人为和机械故障，从而不会完全依赖任何一个防御层，无论其多么坚固。纵深防御包括采用出入控制、实体屏障、冗余和多样化的关键安全功能，以及应急响应措施。”

4.6 1977—2011 年 SECY 文件历史回顾

对美国核安全咨询委员会（ACRS）信函、美国核管理委员会（NRC）管理导则以及委员会工作人员的 SECY 文件进行了一次更全面的回顾。对这些文件的回顾分别在表 4-2～表 4-4 中摘要说明。

表 4-2　ACRS 关于纵深防御的讨论

文档	主题	纵深防御讨论
ACRS 主席 D. A. Power 写给尊敬的核管理委员会主席 S. A. Jackson 的信函，信函日期为 1999 年 2 月 18 日	NFPA 805，“轻水反应堆发电厂基于性能的防火标准”	防火的纵深防御与风险分析是相互关联的。防火的纵深防御包括防止火灾发生、火灾探测和灭火及保护安全相关设备免受火灾影响的措施。火灾风险分析尝试量化这些纵深防御措施的有效性
ACRS 主席 D. A. Power 写给尊敬的核管理委员会主席 S. A. Jackson 的信函，信函日期为 1999 年 5 月 19 日	纵深防御在风险指引型监管系统中的角色	ACRS 概述了开发一个评价纵深防御的系统化方法；然而，目前没有这样一个方法，关于纵深防御的决定将不得不基于判断
ACRS 主席 D. A. Power 写给尊敬的核管理委员会主席 R. A. Meserve 的信函，信函日期为 2000 年 2 月 8 日	SECY-00-0011，“持照者每隔 120 个月更新一次在役检查和在役试验大纲要求的评估”	ACRS 仍然认为 10 CFR 50.109 评估不太适合评价纵深防御措施（如 ASME 规范的更新）的适当性
ACRS 主席 D. A. Power 写给尊敬的核管理委员会主席 R. A. Meserve 的信函，信函日期为 2000 年 2 月 14 日	增加风险指引型监管应用的阻碍	ACRS 指出，如果纵深防御被视为弥补 PRA 的不足和不确定性而采取的措施，那么就需要提供指导来帮助量化需要多少弥补措施以及对这些措施的要求
ACRS 主席 D. A. Power 写给尊敬的核管理委员会主席 R. A. Meserve 的信函，信函日期为 2000 年 4 月 17 日	反应堆安全目标政策声明	ACRS 指出，核管理委员会的纵深防御理念要求对不确定性的量化或估计并且决定在多大程度上完全依赖 PRA 结果（理性主义方法）、在多大程度上依赖纵深防御的传统判断应用（结构主义方法）
ACRS 主席 D. A. Power 写给核管理委员会运行执行董事 W. D. Travers 的信函，信函日期为 2000 年 9 月 8 日	关于基于性能的活动的拟议高级指南	ACRS 建议，指南应保证采用提供冗余信息的多个性能参数来满足纵深防御理念的要求
ACRS 主席 D. A. Power 写给尊敬的核管理委员会主席 R. A. Meserve 的信函，信函日期为 2000 年 9 月 14 日	AP1000 标准电厂设计——第一阶段预申请审评	ACRS 指出，如果工作人员要正确评估 AP1000 设计的风险指标的可接受值及其是否符合纵深防御理念，则 PRA 需要包括不确定性分析。如果没有这样的 PRA，ACRS 将不能获得判断 AP1000 安全壳的纵深防御是否合格所需的充分资料
ACRS 主席 G. E. Apostolakis 写给尊敬的核管理委员会主席 R. A. Meserve 的信函，信函日期为 2002 年 2 月 14 日	核管理委员会安全研究项目的审查与评估	一些新核电厂的设计也可能对当前的纵深防御规则提出挑战。例如，在事故中严重依赖燃料的完整性而不是缓解系统的新设计可能无法达到预防与缓解之间的传统平衡。可能需要制定能够对纵深防御要求设置适当限制的不确定性准则

文档	主题	纵深防御讨论
ACRS 主席 G. E. Apostolakis 写给尊敬的核管理委员会主席 R. A. Meserve 的信函，信函日期为 2002 年 11 月 13 日	核监管研究办公室为解决一般安全问题提出的建议-189，“严重事故中冰冷凝器和 Mark III 型安全壳因氢燃烧而发生早期失效的敏感性”	对于核管理委员会工作人员关于作为提高安全措施的备用氢点火器电源符合纵深防御要求的观点，ACRS 表示同意，ACRS 建议核反应堆监管办公室（NRR）研究通过核电厂特定的严重事故管理导则（SAMG）执行备用电源要求的可行性
ACRS 主席 M. V. Bonaca 写给核管理委员会运行执行董事 W. D. Travers 的信函，信函日期为 2003 年 4 月 29 日	NUREG-CR-6813，“关于推动 PRA 技术在风险指引型决策中的应用的问题和建议”	虽然堆芯严重损坏事件的后果明显超出设计基准事件的后果，但有一个重要的观点，即严重堆芯损坏事件发生的频率要比采用传统纵深防御思想预计的频率高得多
ACRS 主席 M. V. Bonaca 写给尊敬的核管理委员会主席 N. J. Diaz 的信函，信函日期为 2004 年 4 月 22 日	非轻水反应堆设计审批相关政策问题的选择和建议	CDF 目标的意图一直是双重的：①限制全国各地在预计电站寿期内发生事故的可能性；②作为一种纵深防御措施，平衡特定设计下的事故预防与缓解工作。 ACRS 指出，将这一纵深防御概念扩展到电站 CDF 的目标远远超出了原来的目标意图
ACRS 主席 M. V. Bonaca 写给尊敬的核管理委员会主席 N. J. Diaz 的信函，信函日期为 2004 年 4 月 27 日	SECY-04-0037，“有关大破口失水事故（LOCA）破口尺寸风险指引型要求的立法建议和 LOCA 叠加失去厂外电源风险指引型要求的立法计划的问题”	ACRS 建议，对 10 CFR 50.46 的风险指引型修订应允许新破口尺寸的广泛应用（只要可以证明由此产生的风险变化很小并且保持足够的纵深防御）。 ACRS 建议，作为修订的规则的一部分，应制定确保对超出新规定的最大破口尺寸的破口具有缓解能力和限制与后期安全壳失效相关风险的明确准则，以确保在电厂发生变化时保持足够的纵深防御
ACRS 主席 M. V. Bonaca 写给尊敬的核管理委员会主席 N. J. Diaz 的信函，信函日期为 2004 年 7 月 20 日	关于西屋电气公司申请 AP1000 非能动方案设计证书的安全方面的报告	AP1000 设计有一个纵深防御装置，用于反应堆容器的外部水淹，目的是使任何事故引起的堆芯熔融物保留在容器内。 能动非安全相关系统支持正常运行，并最大限度地减少对非能动安全系统的挑战。虽然这些能动非安全相关系统在安全评估中不被信任，但它们提供了额外的纵深防御
ACRS 主席 M. V. Bonaca 写给尊敬的核管理委员会主席 N. J. Diaz 的信函，信函日期为 2004 年 11 月 2 日	关于“美国与其他国家在核安全监管方法和要求方面的差异概述”的报告	报告指出，美国的纵深防御安全理念被西欧、日本和韩国的监管机构所采用，不仅仅用于防止放射性物质释放的屏障，而且用于设计、建造、质量保证、检查和运行实践。然而，在实施纵深防御原则时可能存在差异，例如，安全系统要求的多样性和冗余程度可能不同

文档	主题	纵深防御讨论
ACRS 主席 M. V. Bonaca 写给尊敬的核管理委员会主席 N. J. Diaz 的信函，信函日期为 2004 年 11 月 19 日	关于发生火灾后操纵员手动操作的拟议规则草案	工作人员认为，火灾探测和自动灭火系统是必要的，以维持电站防火纵深防御的实体部件
ACRS 主席 M. V. Bonaca 写给尊敬的核管理委员会主席 N. J. Diaz 的信函，信函日期为 2004 年 12 月 10 日	通过抽样过程估算失水事故频率	ACRS 指出，决策者必须通过评估这些限制的影响和采取结构主义纵深防御措施（例如，在研究的最终结果中增加保守性）对这些限制产生的不确定性加以弥补
ACRS 主席 M. V. Bonaca 写给核管理委员会运行执行董事主任 L. A. Reyes 的信函，信函日期为 2004 年 12 月 17 日	风险指引型 10 CFR 50.46，“轻水核反应堆应急堆芯冷却系统验收准则”	ACRS 指出，在风险指引型的 10 CFR 50.46 中，应要求维持纵深防御，这些要求的目的是为反应堆冷却剂系统中最大管道的双端断裂（DEGB）工况提供可冷却的堆芯几何形状的合理保证 ACRS 还指出，需要更好地定量了解较小的过渡破口尺寸可能带来的风险收益，以便最终选择瞬态破口尺寸。如果纵深防御能力可以缓解大于瞬态的破口则可以支持选择较小的过渡破口尺寸
ACRS 主席 G. B. Wallis 写给尊敬的核管理委员会主席 N. J. Diaz 的信函，信函日期为 2006 年 1 月 4 日	佛蒙特洋基（核电厂）延期功率提升	ACRS 指出，与通常的 PRA 评估的其他一些输入比较，控制物理现象相关的概率可能被认为更可靠。在此基础上得出的结论可能有助于说服那些人，他们怀疑仅凭传统的基于风险的论点就可以放松放射性物质的包壳和包容屏障的独立性实现的纵深防御
ACRS 主席 G. B. Wallis 写给核管理委员会运行执行董事 L. A. Reyes 的信函，信函日期为 2006 年 8 月 2 日	NUREG 报告草案，“整合风险和安全裕量”	ACRS 指出，该报告草案通过提供一种量化安全裕量和纵深防御变化的方法，可能具有实质性的监管效益，因此建议在技术中立框架的背景下执行，并用于 RG 1.174 的修订
ACRS 主席 G. B. Wallis 写给尊敬的核管理委员会主席 D. E. Klein 的信函，信函日期为 2006 年 11 月 16 日	风险指引型 10 CFR 50.46，“轻水核动力反应堆应急堆芯冷却系统验收准则》最终规则草案”	ACRS 指出，拟议规则需要修订，以加强对超过瞬态破口尺寸（TBS）破口的纵深防御保证，特别是要求持照者向核管理委员会提交用于分析超过 TBS 破口的计算机代码供其审查和批准
ACRS 主席 W. J. Shack 写给尊敬的核管理委员会主席 D. E. Klein 的信函，信函日期为 2007 年 7 月 27 日	NUREG/CR 草案，审查 NUREG-0654，补充 3，“严重事故防护行动建议准则”	ACRS 指出，考虑到传统反应堆安全问题和安保问题可能带来的挑战，ACRS 同意核管理委员会工作人员的立场，即应急准备是纵深防御的关键要素，纵深防御应包括针对任何可能发生的安全壳泄漏情况采取的保护行动，包括那些源项快速释放的情况

文档	主题	纵深防御讨论
ACRS 主席 W. J. Shack 写给尊敬的核管理委员会主席 D. E. Klein 的信函，信函日期为 2007 年 9 月 26 日	技术中立监管框架的发展 ACRS 对 NUREG- 1860 草案“制定 10 CFR 50 的风险指引、基于性能的替代方案框架”的审查	在工作人员目前的框架方法中，这些要求已用于制定频率-后果（*F-C*）曲线，其中频率是单个 PRA 序列的频率，后果是与该序列相关的剂量，按随频率变化的指定距离计算。ACRS 指出，这种方法也可以被视为为可靠性和检查设定了高水平要求的一种纵深防御措施。在这条 *F-C* 曲线上，对较小的释放频率的限制控制了防止放射性物质意外释放到环境中的“屏障”的允许降级
ACRS 主席 W. J. Shack 写给核管理委员会运行执行董事 R. W. Borchardt 的信函，信函日期为 2008 年 10 月 29 日	临时信函 5：核管理委员会工作人员安全评价报告第 19 章和第 22 章（含有与 ESBWR 设计认证相关的未定项目）	ACRS 指出，需要澄清一些具体问题，以确保底板内部熔融物滞留和冷却装置功能作为严重事故条件下的“纵深防御措施”
ACRS 主席 M.V. Bonaca 写给核管理委员会运行执行董事 R. W. Borchardt 的信函，信函日期为 2009 年 3 月 18 日	为证明安全系统可以按照设计要求减轻事故，在所需满足的净正吸入压头中计入安全壳超压	ACRS 指出，如果硬件更改不切实际，并且所计入的安全壳超压（COP）的数值和持续时间不“小”，或者引入了操作人员的行动，则应修订管理导则 1.82，要求持照者提供额外的分析和/或试验，以帮助了解计入的 COP 对安全裕量和纵深防御的影响
ACRS 主席 S. Abdel-Khalik 写给核管理委员会运行执行董事 R. W. Borchardt 的信函，信函日期为 2010 年 5 月 19 日	关于在证明安全系统可以按照设计要求减轻事故时，所需满足的净正吸入压头中记入安全壳事故压力的指南草案	关于计入安全壳事故压力问题，ACRS 指出，持照者应提交上限估算值、平均估算值以及 95/95 估算值，以便更全面地评估可用的裕度和对纵深防御的影响
ACRS 主席 S. Abdel-Khalik 写给尊敬的核管理委员会主席 G. B. Jaczko 的信函，信函日期为 2010 年 9 月 17 日	关于 SECY-10-0113《通用安全问题的关闭选项-191，碎片堆积对压水堆地坑性能（影响）》的评价	ACRS 同意核管理委员会工作人员的意见，即扩大 GDC-4 的范围，允许信任破前漏（技术）来解决 ECCS 性能问题是一个政策问题。ACRS 同意核管理委员会工作人员的意见，认为该选项不符合核管理委员会的纵深防御基本原则。特别是，该选项会导致发生失水事故（LOCA）时防止堆芯损坏的系统（ECCS）和减轻厂外释放的系统（安全壳喷淋）同时失效
ACRS 主席 S. Abdel-Khalik 写给核管理委员会运行执行董事 R. W. Borchardt 的信函，信函日期为 2011 年 1 月 24 日	管理导则 1.174 的最终版（第 2 版）草案和管理导则 1.177 第 1 版	ACRS 建议核管理委员会工作人员恢复 RG 1.174 中关于考虑后期安全壳失效的指导；即，作为对纵深防御影响评估的一部分，持照者应纳入对后期安全壳失效概率增加的可能性的评估。这种评估可以是定性的

文档	主题	纵深防御讨论
ACRS 主席 S. Abdel-Khalik 写给尊敬的核管理委员会主席 G. B. Jaczko 的信函，信函日期为 2011 年 2 月 17 日	SECY-11-0014，“利用安全壳事故压力分析应急堆芯冷却系统和安全壳排热系统泵在假想事故中的性能”	ACRS 不同意核管理委员会工作人员的观点，事故中的堆芯包容压力作为安全措施严重降低预防和缓解功能的独立性，而预防和缓解功能是纵深防御理念的基本要素
ACRS 主席 S. Abdel-Khalik 写给核管理委员会运行执行董事（EDO）R. W. Borchardt 的信函，信函日期为 2011 年 5 月 19 日	对 2011 年 2 月 5 日 EDO 关于与 AP1000 设计控制文件修订有关最终安全评价报告信函的回复	ACRS 指出，为确保发挥纵深防御作用，应尽量缩短手动多样性启动系统的不可用时间；以不超过 72 小时为限

注：此列表不一定全面，仅用于指出多年来委员会一直关注许多 ACRS 信件和纵深防御的历史。

表 4-3　管理导则中定义的纵深防御

RG 编号	纵深防御的定义	获取号	日期
1.152	功能多样性、设计多样性、操作多样性和纵深防御四个梯队内的多样性（由反应堆保护、专设安全设施启动、控制和监测仪表和控制系统提供）的设计技术可用于防御共因故障。如果必要的多种控制和指示来执行相关事件条件下所需的功能，并且可以在可接受的时间内完成，安全系统和非安全系统的运行人员手动触发是可接受的	ML102870022	1/31/2011
1.174	纵深防御包含多个要素，总结如下。这些要素可以作为进行评价的指导方针。也可以使用其他等效的验收准则。如果满足下列要求，则符合纵深防御理念： • 在防止堆芯损坏、防止安全壳失效和减轻后果之间保持合理的平衡 • 避免过度依赖程序性活动来弥补核电站设计中的缺陷 • 系统冗余、独立性和多样性与预期频率、系统挑战的后果和不确定性（例如，无风险异常值）保持相称 • 保持对潜在共因故障的防御，并评估引入新的共因故障机制的可能性 • 屏障的独立性没有降低 • 保持对人因失误的防御 • 符合 10 CFR 50 附录 A 中通用设计准则的意图	ML023240437	11/29/2002
1.175	同 RG 1.174	ML003740149	8/31/1998

RG 编号	纵深防御的定义	获取号	日期
1.176	工程评估应评价拟议变更的影响是否符合纵深防御的理念。 下面摘要说明一组可接受的评价指南。也可采用其他等效的指南。 • 在防止堆芯损坏、防止安全壳失效和减轻后果之间保持合理的平衡 • 避免过度依赖程序性活动来弥补电站设计中的缺陷 • 系统冗余、独立性和多样性保持与系统挑战和不确定性（例如，无风险异常值）的预期频率和后果相称 • 保持对潜在共因故障的防御，并评估引入新的共因故障机制的可能性 • 屏障的独立性没有降低 • 保持对人因失误的防御 符合 10 CFR 50 附录 A 中通用设计准则的意图	ML003740172	8/31/1998
1.177	• 传统上，在反应堆设计和运行中应用了纵深防御的理念，以提供多种手段来完成安全功能和防止放射性物质的释放。它一直是并将继续是解决设备性能和人员性能不确定性的有效方法。当可以进行全面的风险分析时，它可以用来帮助确定适当的纵深防御程度（例如，在预防堆芯损坏、安全壳失效和后果缓解之间取得平衡），以确保保护公众健康和安全。 • 如果满足以下要求，则符合纵深防御理念： — 在防止堆芯损坏、防止安全壳失效和减轻后果之间保持合理平衡，即技术规格书（TS）的拟议变更并未显著改变这些预防和缓解原则之间的平衡，在符合 10 CFR 50.36 的情况下，需要这种平衡来满足特定设计基准事故和瞬态的验收准则。TS 变更申请应考虑与 TS 变更相关的预期操作变更是否会引入新的事故或瞬态，或是否可能增加事故或瞬态的可能性（如 10 CFR 50.92 所要求的）。 — 避免过度依赖程序性活动来弥补电站设计中的漏洞，例如，采用主要基于乐观程序假设的高可靠性估算值。 — 系统冗余、独立性和多样性保持与系统挑战的预期频率和后果相称，例如，不存在风险异常值。应考虑以下事项： √是否有适当的限制，以避免设备同时大修，从而违反冗余和多样性的原则； √当进入修改后的预先计划维修允许停役时间（AOT）时，是否采取了补偿措施； √当预计会出现恶劣天气条件或当电站可能遇到其他异常情况时，是否不应在电站运行期间主动停止设备运行； √是否应考虑 TS 变化对安全功能的影响。例如，低压安注系统 AOT 的变化对低压注射功能的整体可用性和可靠性有何影响？		9/15/1998

RG 编号	纵深防御的定义	获取号	日期
1.177	— 保持对潜在共因故障的防御，并评估引入新的共因故障机理的可能性，例如，TS 变更申请应考虑与 AOT 或监督试验间隔（STI）的更改相关的预期运行变更是否可能引入任何以前未考虑过的新的共因故障模式。 — 实体屏障的独立性不会降低，例如，TS 变更申请应说明一种确保屏障的独立性不会因 TS 变更而降低的方法（例如，在更改安全壳系统的 TS 时）。 — 保持针对人因失误的防御，例如，TS 变更申请应考虑与 AOT 或 STI 更改相关的预期运行变更是否会改变预期的操纵员响应，或引入之前未考虑的任何新的人因失误，例如，从在停堆期间进行维修改为在可能涉及不同人员和不同活动的功率运行状态下进行维修。 符合 10 CFR 50 附录 A 中通用设计准则的意图		9/15/1998
1.178	……传统上，纵深防御理念被应用于反应堆设计和运行中，以提供多种手段来完成安全功能和防止放射性物质的释放。它一直是并将继续是解决设备性能和人员性能不确定性的一种有效方法	ML032510128	9/30/2003
1.183	如果系统冗余、独立性和多样性与预期频率、系统挑战的后果和不确定性相称，则符合纵深防御理念。在所有情况下，必须遵守 10 CFR 50 附录 A 中的通用设计准则。对设施提出的修改一般不应产生补偿性程序性活动需要，例如，依赖操纵员手动操作	ML003716792	7/31/2000
1.186	工作人员认为，设计纵深防御策略的各个方面，如冗余、多样性和独立性，是核电站主要设计准则的重要方面。这些策略和准则是一些法规特别要求的，特别是通用设计准则。这些标准要求通过核电厂设计特性（例如，多个组件、独立电源以及物理隔离），来实现对单个结构、系统和组件的功能。这些准则提供了判断核电站设计基准是否适当的一部分标准	ML003754825	12/31/2000
1.189	核电站的防火采用纵深防御的概念，以达到所需的反应堆安全程度。这一概念需要利用管理控制、消防系统和设施的多层防范（echelon）以及安全停堆能力来实现以下目标： • 防止火灾的发生 • 迅速探测、控制并及时扑灭发生的火灾 • 保护对安全至关重要的 SSC，以保证及时扑灭的火灾不会妨碍电站安全停堆	ML092580550	10/27/2009
1.191	核电站退役期间的防火大纲的目标是提供适当水平的纵深防御，以应对火灾的威胁。纵深防御，相对于防火而言，涉及行政控制、实体防火设施、应急响应能力和保护必要的 SSC 的综合大纲，以防止或降低不可接受的放射性物质释放的可能性。这种防火要素的组合可以降低火灾事件的概率和后果，并保证防火大纲中任何一个要素的失效都能得到其他要素的充分补偿，从而最大限度地降低公众、环境和电站人员的风险	ML011500010	5/31/2001

RG 编号	纵深防御的定义	获取号	日期
1.195	如果满足下列要求，则符合纵深防御理念： • 在防止堆芯损坏、防止安全壳失效和减轻后果之间保持合理的平衡，即 TS 的拟议变更没有显著改变这些预防和减轻原则之间的平衡（如果按照 10 CFR 50.36 的要求，需要保持这种平衡，以满足特定设计基准事故和瞬态的验收准则）。TS 变更申请应考虑与 TS 变更相关的预期运行变更是否会引入新的事故或瞬态，或可能提高发生事故或瞬态的可能性（如 10 CFR 50.92 所要求的）。 • 避免过度依赖程序性活动来弥补电站设计中的漏洞，例如，使用主要基于乐观程序假设的高可靠性估算值。 • 系统冗余、独立性和多样性与系统挑战的预期频率和后果保持相称，例如，不存在风险异常值。应考虑以下事项： — 是否有适当的限制，以避免设备同时大修，从而违反冗余和多样性的原则； — 在确定进入修改后的预先计划维修 AOT 时是否采取了补偿措施； — 当预计会出现恶劣的天气条件或当电站可能遇到其他异常情况时，是否不应在核电站运行期间主动停止设备运行； — 是否应考虑 TS 变化对安全功能的影响。例如，低压安注系统 AOT 的变更对低压注射功能的整体可用性和可靠性有何影响？ • 保持对潜在共因故障的防御，并评估引入新的共因故障机理的可能性，例如，TS 变更申请应考虑与 AOT 或 STI 变更相关的预期运行变更是否会引入以前未考虑过的任何新的共因故障模式。 • 实体屏障的独立性不会降低，例如，TS 变更申请应说明一种确保屏障的独立性不会因 TS 变更而降低的方法（例如，在更改安全壳系统的 TS 时）。 • 保持针对人因失误的防御，例如，TS 变更申请应考虑与 AOT 或 STI 变更相关的预期运行变更是否会改变预期的操纵员响应，或引入之前未考虑的任何新的人因失误，例如，从在停堆期间进行维修改为在可能涉及不同人员和不同活动的功率运行状态下进行维修。 符合 10 CFR 50 附录 A 中通用设计准则的意图	ML031490640	5/31/2003
1.205	……保持防火纵深防御（火灾预防、火灾探测、灭火、缓解和火灾后安全停堆能力）。 如果在防止堆芯损坏、防止安全壳失效和减轻后果之间保持合理平衡，则符合核安全纵深防御的理念。 RG1.174 提供了关于保持 NFPA 805 电站变更评价可接受的核安全纵深防御理念的指导	ML091960258	10/30/2009

RG 编号	纵深防御的定义	获取号	日期
4.2	第 9 类事故涉及假想的连续故障序列，其严重程度超过为保护系统和专设安全设施制定设计基准所假想的故障。其后果可能很严重。然而，它们发生的可能性非常小，因此它们对环境影响的风险极低。 纵深防御（多道实体屏障）、设计、制造和运行的质量保证、持续的监督和试验以及保守的设计都被应用于提供和保持所需的高度的可靠性，即此类潜在事故处于并将始终保持足够低的概率，以保证环境风险处于极低的水平	ML003739519	7/31/1976
5.71	纵深防御策略代表了一系列文件化的补充和冗余安保控制，这些控制可以建立多层保护以保护关键系统（CS）。在纵深防御策略下，单个保护策略或安保控制的失效不应导致安全、安全重要、安保或应急准备功能受到影响。 纵深防御可以通过多种方式实现。从安保架构的角度来看，需要设置多个安保边界，保护 CS 和网络免受网络攻击。这样一来，只有在多层保护机制失效的情况下，才能实施网络攻击并影响关键系统或网络。因此，纵深防御不仅可以通过实施多个安保边界来实现，还可以通过制定和维护一个强大的安保控制大纲来评估、保护、响应、预防、检测和缓解对关键数字资产（CDA）的攻击并进行恢复	ML092670517	10/9/2009

注：此列表并不全面，仅用于说明多年来工作人员一直关注的许多管理导则和纵深防御的历史。

表 4-4　SECY 文件中关于纵深防御的讨论

SECY 编号	主题	讨论
77-0439	单一故障准则	从这项工作中得出的主要结论是，单一故障准则作为一种许可证审评的工具，在确保作为反应堆安全纵深防御方法的一个要素的系统可靠方面发挥了很好的作用。《反应堆安全研究》表明，该准则的使用已使大多数安全相关系统的硬件冗余度达到了通常可接受的水平
83-269	防火规则	固定灭火系统的目的是防止该区域发生的火灾变严重，威胁到设有安全停堆设备的邻近区域，并提供纵深防御以限制火灾的不利影响
89-228 （未公开）	关于《先进轻水堆要求文件》第五章的安全评价报告草案	在安全评价报告（SER）草案第 2.1 节中，工作人员讨论了先进轻水堆（ALWR）公众安全目标的可接受性和纵深防御概念，工作人员建议制定改进型反应堆的安全壳性能标准
90-016 （未公开）	改进型轻水堆（LWR）认证问题及其与现行法规要求的关系	纵深防御是一个长期存在的反应堆安全基本原则，它产生了一个概念，即应该提供多道屏障，以确保防止任何重大的放射性释放

SECY 编号	主题	讨论
93-092（未公开）	有关先进反应堆（PRISM、MHTGR 和 PIUS）和 CANDU3 设计的问题及其与现行法规要求的关系	按照目前的监管方法，工作人员认为先进反应堆许可证持有人的应急准备是核管理委员会“纵深防御”理念的基本要素。简言之，这一理念：①首先要求核电站的设计、建造和运行具有高质量，以降低发生故障的可能性；②认识到设备可能会发生故障，操作人员可能会犯错，因此要求安全系统降低释放裂变产物事故的可能性；③认识到尽管有这些预防措施，仍可能发生严重的燃料损坏事故，因此需要安全壳结构和其他安全设施来防止裂变产物释放到厂外。将应急规划这一附加特性纳入纵深防御理念，确保即使在不太可能发生的场外裂变产物释放事件中，也能够采取应急防护措施，保护核电站周围的居民
93-087（未公开）	与改进型和 ALWR 设计相关的政策、技术和许可证审批问题	SECY 93-087 中概述的关于安全壳性能的建议可以理解为，工作人员不再提议使用 CCFP 的概念。但是，根据委员会会议期间就这一问题进行的讨论，工作人员通知委员会，其打算在执行委员会的纵深防御监管理念和委员会关于安全目标的政策时继续适用的 CCFP
93-190	政策问题（信息），“停堆和低功率运行的监管方法”	这些改进反映了核管理委员会纵深防御的安全理念，因为其涉及：①通过改进大修计划和防火来预防对安全功能的可信挑战；②通过改进程序、培训、改进技术规格书和应急计划，减轻冗余保护系统面临的挑战
00-0007（未公开）	为支持风险指引型监管决策而提出的低功率和停堆风险分析研究人员计划	NUMARC 91-06 的纵深防御概念是美国工业界广泛使用的定性方法。定性纵深防御配置风险管理（CRM）方法的目标是：①提供 SSC，以确保使用冗余、替代或多样化的方法备份关键安全功能；②以优化安全系统可用性的方式计划和安排大修活动；③提供支持和/或补充上述要素的管理控制
00-0022	10 CFR 26 修正案的立法计划，《缩小核动力反应堆许可证持有者对随机任务适应能力检测要求范围》	此流程与工作人员的纵深防御策略是一致的，在安保的情况下，需要通过两层屏障才能接近重要设备，而只需通过一层屏障（保护区屏障）就可以到达对电站安全不太重要的设备
00-0062（未公开）	风险指引型监管实施计划	在其 2000 年 2 月 14 日致 Meserve 主席的信中，ACRS 描述了在机构监管活动中增加使用风险信息的一些技术障碍。这些障碍包括： • PRA 在某些领域存在不足和不完整。 • 需要重新审视风险接受准则。 缺乏关于如何实施纵深防御和如何施加充分性限制的指导

SECY 编号	主题	讨论
00-0077	对反应堆安全目标政策声明的修改	在现有的政策声明中，委员会指出，目前的核管理委员会法规要求在核电站的设计、建造、试验、运行和维护方面保持保守，并指出，为了防止事故发生并减轻其后果，已经强制要求采用纵深防御方法。纵深防御的这一重要性也在依赖多重防线的反应堆监督流程的基石中得到了明确的体现
00-0080	最终规则——取消对贯穿件密封材料的阻燃防火屏障的要求和其他微小变化	防火屏障贯穿的密封是核电站纵深防御概念的一个要素。纵深防御概念应用于防火的目标是： ①防止火灾发生； ②及时发现、控制和扑灭发生的火灾。 保护对安全至关重要的结构、系统和部件，从而保证未及时扑灭的火灾不会妨碍电站的安全停堆
00-0086	关于 10 CFR 50（方案 3）风险指引型技术要求的状态报告	作为一个工作定义，在研究中使用时，纵深防御是通过应用以下策略保护公众来评估的： ①限制事故始发事件的频率； ②在发生事故的情况下，限制堆芯损坏的概率； ③限制堆芯损坏事故中放射性核素的释放； ④限制堆芯损坏事故对公众健康造成的影响。 在实施纵深防御方法时，同时考虑确定性和概率因素，以保持四种策略之间的合理平衡，同时保持屏障的完整性。确定性考虑包括说明对于能动和非能动部件如何应用单一故障准则起的作用
00-0212	提供识别 10 CFR 50.2 设计基准的指南和示例的管理导则	工作人员的立场是，设计纵深防御策略的各个方面，如冗余、多样性和独立性，是核电站通用设计准则的重要方面，这是各项法规，特别是《通用设计准则》特别要求的。这些准则要求通过核电站设计特征（如多重部件、独立电源和实体隔离）对单个结构、系统和部件实现此类功能。这些准则提供了判断核电站设计基准适当性的标准的一部分
01-0009	修改后的反应堆安全目标政策声明	为了防止事故发生并减轻其后果，已要求采用纵深防御方法。强调在低人口区选址。此外，要求具备应急响应能力，为周围居民提供额外的纵深防御保护。对风险的见解可以通过将纵深防御的要素量化到可行的程度，使其更加清晰。尽管与某些防御元素的重要性相关的不确定性可能是显著的，但这些要素和不确定性经过量化，可以帮助确定防御在多大程度上具有监管意义。关于防御要素的充分性或必要性的决定应反映通过识别每个防御系统的个别性能与整体性能相对比而获得的对风险的见解

SECY 编号	主题	讨论
01-0100	与退役核电站在乏燃料池内储存燃料的保障、保险和应急准备法规相关的政策问题	鉴于乏燃料锆火灾的缓慢发展性质，委员会的纵深防御理念将基于这样一种预期，即合理保证实施现场缓解行动和场外保护行动
02-0030	关于美国核管理委员会制定和使用性能指标的历史工作的总结报告	电站安全性能指标基于纵深防御原则，分为三个方面：正常运行的安全和质量、运行事件和屏障完整性
03-0047	非轻水反应堆设计许可证审批相关政策问题	工作人员建议委员会采取以下行动： 批准制定关于核电站纵深防御的政策声明或说明（如白皮书），以描述： • 纵深防御的目标（理念） • 纵深防御的范围（设计、运行等） • 纵深防御的要素（高层原则和指导方针）
04-0236	南方核电运营公司关于在其公司总部建立共用应急运行设施的建议	工作人员得出结论，一个共用的 EOF 建立将切实有效地支持 SNC 应急响应能力。这与纵深防御原则是一致的，并提供了合理的保证，即在任何 SNC 核电站发生放射性紧急情况时，能够而且将会实施防护措施
05-0006	关于工作人员建议的新电站审批监管架构和新电站审批相关政策问题更新的第二份状态报告	该框架中的方法包含以下要素： • 纵深防御的目标是补偿潜在的人类错误行为和部件故障，并通过避免对电站和屏障本身的损害来保持屏障的有效性，以保护公众和环境免受伤害。 • 实现这些目标的纵深防御原则是：①应采取措施防止有意和无意的事件；②设计应提供事故预防和缓解能力；③完成关键的安全功能不应依赖于单一的设计、建造、维护或运行要素；④构筑物、系统和部件（SSC）以及人员行为的不确定性应该考虑在内，这样才能实现可靠性和风险目标；⑤电站的选址区域应该符合 10 CFR 100 的意图，并与管理导则 4.7（核电站的一般选址适宜性标准）中规定的选址原则相符。 • 纵深防御模型集成了确定性和概率要素。该模型应施加一定的确定性纵深防御措施，并辅以概率指导方针。 • 纵深防御的实现应该是一个展示如何应用纵深防御模型的决策过程。该模型包括监控和反馈需求，以确保纵深防御原则适当地融入设计、建造、维护和运行中
05-0172	杜克电力公司要求将 Oconee 应急运行设施（EOF）纳入 Catawba 和 McGuire 核电站共享的 EOF	工作人员得出结论，将 Oconee EOF 纳入 Charlotte EOF 将切实有效地支持杜克电力公司的应急响应能力。这符合纵深防御原则，并为在 Oconee 核电站发生放射性紧急情况时能够而且将会实施的防护措施提供了合理保证

SECY 编号	主题	讨论
06-0187	每半年更新一次的新反应堆审批活动状态和新反应堆的未来规划	最近几次会议的主要焦点领域涉及设计中的纵深防御标准，以及模块化气冷反应堆（MGR）安全分析的实施。ANS 28 小组委员会专项任务组正努力在 2006 年年底前完成安全标准的审查
07-0205	每周信息报告——截至 2007 年 11 月 16 日结束的一周	2007 年 11 月 14—15 日，工作人员与 EPRI 会面，讨论了 DI&C 多样性和纵深防御、高度集成的控制室、DI&C 系统风险评估、人为因素（包括人工操作、计算机程序和 HF 评估的分级方法）、人员行为指标和准则、图形显示技术的评估、仪表和控制装置老化管理，以及远程集成工作环境
09-0113	《施工评估流程政策方案的制定与施工检查大纲信息管理系统》的最新进展	筛选过程基于两个主要因素来衡量由于设计或施工错误而导致的施工或运行事件的安全重要性：①屏障降级（即纵深防御减少）；②故障在运行前未被发现的可能性，或在运行期间未被发现的持续时间
09-0140	失去厂外电源与失水事故叠加的相关规则制定，10 CFR 50 附录 A，总设计准则 35	工作人员 2008 年 3 月 24 日的信函详细说明了工作人员确定的批准 NEDO-33148 所需的条件和限制。一些突出的技术问题包括 LOOP（失去厂外电源）/LOCA 频率确定、地震对破裂频率的影响、纵深防御的维护以及延迟 LOOP 和重复序列问题的处理。这些问题需要得到充分解决，以便完成一个可以支持 LOOP/LOCA 规则制定的监管基础
10-0121	修改新反应堆风险指引型管理导则	工作人员担心的一个问题是，现有的反应堆监督程序（ROP）在新反应堆性能下降时可能无法支持 NRC 的监管行动和检查，从而为新反应堆提供有意义的监管。目前的风险指引型基准检查计划和性能指标的风险指引型阈值可能不会在电站的增强纵深防御和安全裕量严重下降之前触发监管响应
11-0014	利用安全壳事故压力在分析应急堆芯冷却系统和安全壳排热系统泵在假想事故中的性能	纵深防御是核管理委员会安全理念的一个基本要素。纵深防御已以各种形式得到应用。纵深防御的一个应用是确保关键的安全功能不依赖于单一的设计、施工或运行要素。纵深防御理念的另一种形式是在事故预防、事故缓解和事故后果限制之间取得平衡。可以使用冗余和多样化的手段来完成关键的安全功能。纵深防御的一种表现形式是使用多个独立的裂变产物屏障

注：此列表并不全面，仅表明工作人员多年来一直关注的许多 SECY 文件和纵深防御的历史。

5

非反应堆领域纵深防御历史回顾

在回顾非反应堆领域相关的纵深防御时，与商业动力反应堆领域相比，其关于纵深防御的历史文献很少。很少有文件（例如，技术报告、管理导则或 SECY 文件）讨论非反应堆领域纵深防御（无论明确的还是隐含的）。“明确”是指在讨论纵深防御时实际使用该术语。“隐含”是指文中涉及纵深防御的概念。如果至少涉及下列任一项，则认为其与纵深防御概念相关：

- 多重屏障。
- 防御的层次。
- 提供适当的安全裕量。
- 提供事故预防和缓解能力。
- 关键的安全功能不依赖于单一的设计、施工、维护或运行要素。
- 具有适当的屏障能力。
- 受监管的活动地点应能够保护公众健康和安全。

此外，在与非反应堆领域有关的法规中大多数使用纵深防御的历史是以含蓄的而非明确的方式出现的。

关于非反应堆领域纵深防御的历史回顾涉及以下内容：

- 所有非反应堆核领域。
- 副产品材料。
- 铀回收。
- 高、低放废物处置。
- 特殊核材料国内审批。

- 运输。
- 乏燃料的贮存。

5.1 所有非反应堆核领域

在回顾文献时，讨论适用于所有非反应堆核领域（例如，副产品材料、铀回收、废物、贮存、运输）。这些总体性陈述来自以下来源，总结如下：

- 反应堆安全保障咨询委员会（ACRS）2000 号函。
- 核废料联合咨询委员会（ACNW）/ACRS 小组委员会，2000 年 1 月。
- 核材料和核废料应用的风险指引型决策。

5.1.1 ACRS 信函

反应堆安全保障咨询委员会（简称委员会，ACRS）对核材料的看法载于 2000 年 5 月 25 日致 NRC 主席 Richard Meserve 的一封题为“纵深防御在风险指引型核材料安全与保障（NMSS）活动中的使用”的信中。在这封信中，委员会审查了纵深防御在 NMSS 的风险指引型活动中的使用情况。委员会指出：

“为纵深防御目的而采取的各种补偿措施可根据活动带来的风险、每项补偿措施对降低风险的贡献、风险评估中的不确定性以及建立利益相关者信心的需要进行分级。”

“运输、贮存、加工和制造的纵深防御处理应类似于对反应堆的纵深防御处理。工业和医疗应用的纵深防御可以最小化，并在精确信息的基础上处理。”

“保护公众和环境免受高放废物（HLW）处置库危害的纵深防御既是一个技术问题，也是一个政策问题。重要的是，在各种补偿措施对降低风险的贡献方面取得合理的平衡。工作人员应就如何实现预期的平衡制定备选方案。应就每个方案的适当性，征求专家和其他利益相关者的意见。”

由于实现纵深防御的补偿措施的平衡取决于设施或活动所构成的风险的可接受性，因此应为所有 NMSS 管制的活动制定风险接受准则。委员会进一步指出：

“我们同意有必要对纵深防御有一个共同的理解，因为它涉及一个风险指引型监管系统，也同意在委员会关于风险指引和基于性能监管的白皮书中提供了一个很好的工作定义。纵深防御是核管理委员会安全理念的一个要素，它采用连续的补偿措施来防止事故或在核设施发生故障、事故或自然原因引起的事件时减轻损害……

有很多方法可以改进纵深防御理念的实施……在风险指引型监管体系中，改善纵深防御的实施，首先需要的是指导确定有多少补偿措施是合适的，这些措施应该有多好。为了满足这一需求，我们认为以下指导原则很重要：

— 由于风险评估中存在无法量化的不确定性，纵深防御主要是作为一种确保公众安全的策略。补偿措施的性质和范围应部分与不确定性的程度相关。

— 补偿措施的性质和程度应取决于持照活动所构成的风险程度。

— 每项补偿措施应该有多好，在很大程度上是一种价值判断，因此是一个政策问题。”

委员会接着指出：

“涉及核材料时，纵深防御问题和建议的指导原则必须以不同的方式加以考虑。例如，与核反应堆相比，将 PRA 方法应用于核材料的经验要少得多。

尽管在风险评估方面，材料系统不像反应堆系统那么复杂，但材料持照活动的多样性更大。也许两个系统最大的区别与反应堆和核废料处理之间的安全问题的基本差异有关，特别是在高放废物处置库方面。高放废物处置库的安全问题主要不是事故造成的灾难性辐射释放，而是由于地下水或土地利用等宝贵的生命支持资源受到污染而造成的损失。这两者都可能成为人类接触辐射的途径。另外，两者都可以通过采取简单的阻断和干预措施，以保护公众健康和安全。因此，处置库纵深防御的概念应该更多地针对保护资源，由于涉及的时间很长给保护工作带来不确定性。

虽然从事故的角度来看关闭前操作较为重要，但它并不是核废料领域的主要安全问题。然而，关闭前的操作确实适合使用类似于反应堆设施的风险评估方法。关于核材料的多样性问题，SECY-99-100 将核材料分为四类。这四类在这里简化为涉及以下方面的核材料活动：①处置；②运输和贮存；③加工和制造；④工业和医疗应用。”

“对于处置（第 1 类），反应堆的例子提出了一种考虑保护屏障有效性的方法。对于废物处置设施，纵深防御是通过使用多层屏障来实现的。对于运输和加工设施（第 2 类和第 3 类），可以使用类似于反应堆的 PRA 方法，并且可以像反应堆一样处理纵深防御。对于工业和医疗应用（第 4 类），我们认为对于这些核材料的许多活动存在足够的数据，因此估计风险的不确定性相对较小。对于第 4 类材料，纵深防御可以是最少的，可以根据精确信息来处理，这是第 1～3 类材料所没有的优势。”

委员会还指出：

“在风险指引型框架内实施监管，包括使用纵深防御，需要为每项受监管活动建立风险接受准则。在大多数情况下，一个设施（或拟议的设计）已经存在，并有适当的补偿措施。那么问题就变成了：①这些措施是否足以使设施或设计满足风险接受准则？②这些措施是否足以补偿其评估中的不确定性？③这些措施能否获得利益相关者的认可？回答这些问题是在风险指引型监管框架中适当利用纵深防御的最困难方面，也是确定必要性和充分性限制的关键。”

“……对于核材料的应用，包括高放废物处置场，我们建议采用以下务实的方法来选择补偿措施：

（1）每个单独的安全系统在实现风险接受准则方面的贡献应通过量化的不确定性分布的风险评估来确定。

（2）风险评估模型的充分性应在可能的情况下进行定量评价，并在所有方面进行定性评价。是否达到了适当的平衡，可以通过专家和其他利益相关者的意见来判断，这最终是一个政策问题。

（3）应该就如何实现适当的平衡制定政策选项。应该评估每个选项对建立利益相关者信心的影响。”

5.1.2　ACNW/ACRS 联合小组委员会

ACNW/ACRS 联合小组委员会于 2000 年 1 月 13—14 日举行会议，重点讨论纵深防御。艾森伯格博士做了题为《基于风险指引的性能监管的纵深防御：从 NMSS 视角》的演讲。以下是他的演讲报告摘要。

艾森伯格博士指出，NMSS 框架要求重新审查包括纵深防御在内的监管方法，并指出框架的各个部分和风险指引型活动中都涉及纵深防御（例如，10 CFR 63）。他进一步指出，有几个因素影响在 NMSS 中实施纵深防御，例如，在持照者的性质和受监管的活动方面，NMSS 监管的系统比核动力反应堆的危险低。

他提出了结构主义和理性主义的纵深防御方法。就结构主义方法而言，纵深防御的必要性和程度与系统结构有关。对于理性主义方法，纵深防御的需要和程度与系统中的剩余不确定性有关。

艾森伯格博士指出，剩余不确定性有两种类型。类型 1（最佳可用风险评估）涉及已经进行了相当完整的风险分析或安全分析的系统，因此剩余不确定性涉及对分析的信心或缺乏信心；也就是说，由于知识的不完整，所以分析并不能代表所有的不确定性。类型 2（有限风险评估）涉及风险或安全分析在某种程度上受到限制的系统（例如，不完整，或未量化某些类型的不确定性）。在他的报告中详细描述了类型 1 与类型 2 的局限性差异。

在演讲中，他指出 NMSS 的安全理念有三个方面：①目标是合理保障公众健康和安全等；②设计方案有助于实现这一目标，例如，安全裕量、纵深防御、多样性、冗余等；③纵深防御是一种风险管理方法。

他描述了安全裕量，并在概率的背景下讨论了裕量的概念。他指出，纵深防御和裕量是有区别的：

● 裕量是指所需性能和预期性能之间的“缓冲”。纵深防御与系统的特点有关：①不依赖于系统的任何单一元素；②更能应对挑战。

● 裕量描述了系统相对于安全极限的预期性能，纵深防御描述系统补偿由于知识限制而导致的非预期性能的能力。

● 裕量和纵深防御是互不相关的，因此可以在不增加裕量的情况下增加纵深防御。

● 在一个依赖单一部件的系统中，增加裕量并不一定会增加纵深防御。

● 纵深防御保证了如果任何一个部件出现故障，系统的其余部件都会进行补偿，因此后果并非不可接受。

他指出，具有相同可靠性的两个不同系统可能具有不同的纵深防御特性。此外，他提出了一个通过对照系统性能的不确定性来检查系统产生的潜在后果以确定所需纵深防御程度的流程。

艾森伯格博士总结道：

● 纵深防御与安全裕量、冗余和多样性等其他设计概念相关，但又不同。

● 纵深防御并不一定等同于达到安全目标或与达到目标相关的裕量。

● 纵深防御可以作为一种系统需求，而不是作为一组子系统需求，在风险指引型、基于性能的监管环境中实施。

● 纵深防御可用于解决与安全系统性能有关的剩余不确定性。

● 纵深防御的需要取决于剩余不确定性的程度和危害的程度（即后果）。

艾森伯格博士还指出了几个需要解决的问题：

- 如何衡量纵深防御的程度？
- 如何衡量安全系统性能的不确定性，包括量化的不确定性和非量化的不确定性？
- 如何衡量系统构成的潜在危害（即后果）的程度？
- 如何利用现有的知识水平对系统进行合理的测试，使其具有充分的纵深防御（考虑到不完整的知识）？
- 如何向利益相关者解释风险指引、基于性能的纵深防御方法所固有的灵活性（这种方法也提供了合理的安全保证）？

在联合小组委员会会议上，罗伯特·贝尼诺博士就非反应堆领域纵深防御提出了以下观点：

“纵深防御在放射性处置的风险指引型监管中的作用是什么？它绝对适用于释放屏障。可接受性的一个基础是包括适当的不确定性分析的总系统性能评估（TSPA）。由于纵深防御分析是不确定性分析的一种形式，因此存在明显的混淆。10 CFR 63 的建议是一种健全的纵深防御方法，开发了用于行使判断的信息主体。对于分级不确定性，需要分级的目标，比如，明显可接受的、可接受的、明显可承受的、可承受的、危及生命的、不可接受的。”

5.1.3 核材料和废物应用的风险指引型决策技术报告

《技术报告：核材料和废物应用的风险指引型决策》第 1 版（2008 年 2 月）旨在为 NRC 核材料安全和保障办公室以及联邦和州材料与环境管理计划办公室的工作人员提供一个风险指引型监管决策框架。该文件中有五处讨论了纵深防御：

- 第 4.1.3 节。
- 第 4.2.3.1 节。
- 附录 I。
- 附录 N。
- 附录 O。

5.1.3.1 第 4.1.3 节 RIDM 中考虑的属性

该文件重点介绍了作为风险指引型决策（RIDM）属性的纵深防御和安全裕量。该文件指出，在分析现有设施或活动的变更或修改时，应考虑对纵深防御的影响。

“工作人员应该考虑拟议的变更对纵深防御理念的影响。纵深防御防止过度依赖于任何一个安全功能。例如，可以通过额外的屏障、运行规程、限值，或通过冗余和多样化的设备设计来提供纵深防御。工作人员必须评估任何导致取消一层保护的变更，并充分了解其后果。”

“纵深防御是核管理委员会安全理念的一个要素，它采用连续的补偿措施来防止事故或减轻故障、事故或自然事件发生时的损害。多样化和冗余的屏障和安全系统有助于降低故障概率并提高成功的机会。ACNW&M 和 ACRS 联合向委员会建议，为所有 NMSS/FSME 监管的活动制定风险接受准则，通过平衡补偿措施实现纵深防御。纵深防御可以通过各种不同的措施来实现，如非能动包容系统（如多重屏障）、能动系统（如通风系统）和管理程序。冗余和多样性可用于管理与系统可靠性相关的不确定性。因此，即使定量风险估计非常低，也可能需要最低水平的纵深防御。”

“安全裕量是对设计或工艺中所采用的保守性的一种度量，以确保其以较高的置信度执行所需的功能。它可以定义为设计或工艺执行预期功能的概率或置信水平。在任何依赖于风险指引型决策框架的拟议监管变更下，都应保持足够的安全裕量。这通常是通过证明在设计参数中保持足够的保守性来实现的，这样就可以合理地确保可靠性和有效性，以应对最严峻的挑战。通常采用的另一种方法是证明符合可接受的规范和标准。类似的考虑也适用于 NMSS/FSME 设施。”

“纵深防御和安全裕量都是用来解决不确定性对安全设计和性能的影响的概念。有效利用纵深防御和安全裕量可以提高成功应对挑战的可能性。”

5.1.3.2　第 4.2.3.1 节纵深防御和安全裕量

在该节中为具有不同风险水平和后果的各种活动提供了纵深防御和安全裕量的指导，从低风险/后果到高风险/后果。该文件指出：

“在决策算法中，风险信息需要以符合委员会整体纵深防御理念的方式使用。这一理念有助于确保关键的安全功能不依赖于单一的设计或运行要素，并考虑到不确定性。根据风险和/或不确定性的性质，纵深防御的程度可能有所不同。事实上，纵深防御理念的应用得益于风险指引型决策过程的使用，因为所提供的风险指引型过程通常采用定量指导方针，可用于决定纵深防御措施的必要性、程度、性质和有效性。一般来说，纵深防御与风险指引型过程之间的关系可以概括如下：

— 对于不确定性同样很低的低风险/后果活动，可以减少纵深防御措施。

— 对于中等风险/后果的活动，应考虑纵深防御措施，以确保按照指定的置信度达到安全水平。所考虑的纵深防御措施应包括：

- ○ 确保关键的安全功能不依赖于单一的设计或运行要素；
- ○ 必要时，使用冗余、多样性和独立性来提高可靠性和/或避免共模故障，以保证安全；
- ○ 提供安全裕量，以解决建模或设备性能中的不确定性；
- ○ 在有利于保护公众和工作人员安全的地方开展受监管的活动；
- ○ 为恢复行动提供时间。

— 对于高风险/后果严重的活动，应考虑采取与上述类似的纵深防御措施，以及确保设计和运行同时具备事故预防和缓解措施。

— 确保设计包括至少两层独立的屏障，以防止放射性物质非受控释放。”

“因此，在作出风险指引型的决策时，需要考虑是否需要（或可以放宽要求）纵深防御措施。如果需要采取纵深防御措施，根据这一过程的应用来考虑需要的纵深防御程度。在所有情况下，工作人员都应监督受监管的活动，以确保风险分析中使用的关键假设仍然有效，并在必要时进行调整以反映运行经验。一般来说，低风险/后果意味着剂量在 10 CFR 20 限值范围内。

高风险/后果意味着剂量可能大到足以导致一人或多人早期死亡；中等风险/后果对应于低风险和高风险之间的范围。请注意，风险信息只能提供对已知不确定性的防御纵深见解。然而，风险信息不能提供关于未知情况的纵深防御见解。”

5.1.3.3 附录 I：纵深防御在风险指引型决策方法中的应用

这部分重新阐述了纵深防御的定义及其在 NMSS/FSME 活动中的应用，该文件指出：

“正如该机构战略计划中所述，纵深防御是核管理委员会安全理念的一个要素，它采用连续的补偿措施来防止事故或缓解事故。纵深防御确保关键的安全功能不依赖于单一的设计、建造、维护或运行要素。例如，纵深防御可以在必要时提供多道防线，以应对不确定性。将纵深防御理念应用于 NMSS/FSME 最上层监管活动指南，已列入导则草案，并将在申请期间进行试验和进一步完善。”

5.1.3.4 附录 N：评估该问题对纵深防御的影响

附录 N 为分析人员评估新问题或状况（例如，对现有设施的改造、有关设施运行的潜在挑战等新知识）时保持足够的纵深防御和安全裕量提供指导。该文件指出：

“一般认为，如果符合现行规定，至少在状况/问题出现之前就有足够的纵深防御。然而，分析人员应该评估状况/问题对纵深防御的影响。分析人员应首先考虑纵深防御的哪些方面受到该问题的影响（例如，屏障完整性、应急准备）。

分析人员还应评估补偿措施（例如，操纵员行为）对补偿纵深防御的降级的有效性。需要注意的是，对于其结果是给定后果水平和给定风险不确定性水平的事件序列，至少应有与其水平相对应的纵深防御或安全裕量。因此，应拒绝将安全要求放宽降低到纵深防御或安全裕量的最低水平以下。”

为了评估问题/状况对纵深防御的影响，该文件提供了一组问题供分析人员在各个领域进行评估，包括屏障完整性、防御层以及维持纵深防御的各种方案的有效性。

报告中提供的与评估对屏障完整性的影响（即屏障有效性的降级）相关问题包括：

“该问题是否显著改变了任何单个屏障的失效概率？”

“对于短期和长期解决方案，是否了解降级机制和有关降级时间关系的信息（例如，试验或运行数据）？”

“降级的影响能否通过风险模型进行量化和评估？”

“屏障的独立性是否下降？如果是，是哪些屏障？”

“与现有条件相比，该问题是否在屏障之间引入了新的或额外的关联失效，从而显著提高了发生失效的可能性？”

“这个问题是否会导致对屏障完整性的现有挑战显著增加？”

该文件指出，分析人员应评估该问题对多层纵深防御的潜在影响，具体如下：

“纵深防御的其余要素是否完好无损？”

“它们是什么，认为它们完好无损的理由是什么？这个问题的目的是确定不同纵深防御层的独立性没有受到损害。”该文件指出，分析人员需要考虑维持纵深防御的各种方案的有效性，具体如下：

“分析人员需要考虑给定的方案如何改变纵深防御评估。在考虑各种备选行动时，分析人员应使用上述纵深防御指南：

— 这个方案是否提出了可以弥补纵深防御降级的措施？

— 讨论提出的措施。解释这些措施如何起作用，以及在多大程度上能够成功（这种补偿措施的置信度有多高）。

— 该方案是否确定了一项针对发现的问题的补偿措施而提出的规程？例如，依赖操纵员的行动作为工厂状况的监测手段。

— 描述该方案如何解决纵深防御的降级问题。

— 确定以下方面的不确定性来源：①对纵深防御降级影响的评估；②补偿措施或监测方法。

— 列出为解决不确定性而做出的假设，以及它们如何支持该方案。评估该方案的置信度。

— 说明为什么认为上述分析中使用的方法足以支持结论。”

5.1.3.5 附录 O：评估问题和替代措施对安全裕量的影响

附录 O 提供了评估问题/状况对安全裕量影响的指导，以确保维持最低水平的纵深防御和安全裕量。要求分析人员考虑：①安全裕量是否由于状况/问题而出现损失或降级，并了解损失或降级的程度，记录损失的严重程度；②评估替代措施对安全裕量的影响，并讨论可以解决损失或降级问题的补偿措施；③确定安全裕量降级影响评估的不确定性来源。

5.2 副产品材料

在文献中只发现了三个讨论纵深防御的来源。这些包括：

- 10 CFR 30～39。
- NUREG-1556。
- NUREG-2150。

5.2.1 10 CFR 30～39

副产品材料受 10 CFR 30～39 监管。包含一些体现纵深防御概念的原则，如预防和缓解、冗余和多样性、使用保守的规范和标准以及安全裕量。表 5-1 列出了这些法规，其中显示了 10 CFR 各部分的编号及其标题和要求。备注栏论述了这些法规要求与纵深防御的关系。

表 5-1　10 CFR 30～39 中“纵深防御”的引用位置

<table>
<tr><th>编号</th><th>标题</th><th>要求</th><th>备注</th></tr>
<tr><td>30.32</td><td>特定许可证申请</td><td>放射性物质通过实体方式隔离，因此在发生事故时可能只涉及一部分；
由于贮存或包装方式的原因，在事故发生时，全部或部分放射性物质不会发生泄漏；
减轻每种事故后果的设施和设备，包括保护现场工作人员的设施和设备</td><td>这一规定被认为是针对纵深防御提出的，因为在事故中降低释放量的实体隔离和贮存或包装方式可被视为涉及释放多重屏障，这是一个纵深防御原则；缓解事故后果的规定也是纵深防御原则</td></tr>
<tr><td>32.22</td><td>含有氚、Kr-85 或 Pr-147 的自发光产品：制造、加工、生产或初始转让许可证的要求</td><td>10 CFR 32.23（d）中所述剂量的概率符合该标准的确定</td><td rowspan="5">第 32.22～32.31 部分中的规则表明，设备失效产生的风险应该处于可接受的较低水平，这是一个重要的纵深防御原则</td></tr>
<tr><td>32.23</td><td>相同：安全标准</td><td>在使用和处置过程中……一个人接受的外部辐射剂量或剂量负担超过 10 CFR 32.24 表第三栏中规定相应器官承受剂量的可能性很低，并且一个人将接受的外部辐射剂量或剂量负担超过 10 CFR 32.24 表第四栏中规定的相应器官承受剂量的概率可以忽略不计。
低：每年每 10 000 次统计中不超过 1 次这样的失效
可忽略：每年每 100 万次统计中不超过 1 次这样的失效</td></tr>
<tr><td>32.26</td><td>含有副产品材料的气体和气溶胶检测器</td><td></td></tr>
<tr><td>32.27</td><td>相同：安全标准</td><td>在使用和处置过程中，一个人接受的外部辐射剂量或剂量负担超过 10 CFR 32.28 中表第二栏规定的相应器官承受剂量的概率很低，一个人接受的外部辐射剂量或剂量负担超过 § 32.28 中表第三栏规定的相应器官承受剂量的概率可以忽略不计。
（对概率的低和可忽略的定义同上）</td></tr>
<tr><td>32.31</td><td>含有副产品材料的某些工业设备：安全标准</td><td>在使用、处理、贮存和处置过程中，包容体、屏蔽或装置的其他安全设施失效，使人体接受的外部辐射剂量或剂量负担超过 5 mSv（500 mrem）的概率很低。一个人接受 100 mSv（10 rem）或更高的外部辐射剂量或剂量负担的可能性可以忽略不计。
（对概率的低和可忽略的定义同上）</td></tr>
</table>

编号	标题	要求	备注
34.20	工业射线照相设备的性能要求	导管曝光头连接必须能够承受 ANSI N432-1980 中规定针对控制单元的拉伸试验。 源转换器必须提供一个确保在将驱动电缆与源组件连接或断开，源不会意外地从腔室中抽出的系统	本规定涉及在设计中使用保守的规范和标准（即 ANSI N432-1980），以确保足够的安全裕量，这是一个纵深防御原则。 这一要求与设备的设计有关，以提供额外的事故预防能力，这是一个纵深防御原则
36.21	密封源性能标准	必须采用双重封装	包含冗余，这是一个纵深防御原则
39.41	源的设计及性能标准	密封源采用双重封装	包含冗余，这是一个纵深防御原则

5.2.2 辐照装置标准审查大纲（NUREG-1556 V6）

该文件概述了全景辐照仪设计和运行中的纵深防御功能，内容如下：

“需要一个独立备用的接近控制系统，以提供防止人员意外暴露于源的冗余手段。此外，必须向在运行期间将在现场的至少一名其他人员提供指示，说明如何对独立备用的访问控制警报作出响应，并及时提供或召唤援助。”

独立备用的接近控制体现了冗余和多样性的原则，因此是一个纵深防御设施。

5.2.3 副产品材料（NUREG-2150）

查阅了 NRC 法规关于副产品材料的纵深防御功能，内容如下：

“在 NRC 的材料监管项目中并没有统一使用纵深防御的术语。纵深防御的概念是反应堆监管的核心部分，在材料项目中更像是一个隐含的部分，而不是明确的部分。由于获得许可的材料用途种类繁多，对‘风险指引’‘基于性能’和‘纵深防御’等术语在 NRC 内部或与这些持照者之间没有统一的解释。”

“NRC 应基于拟议的风险管理和纵深防御监管框架，对安全和安保应用共同的风险方法。第 2 章和第 3 章描述的拟议风险管理监管框架非常广泛，代表了该机构保护公众健康、安全和环境的使命的一种渐进而非革命性的方法。虽然该框架基于纵深防御理念，但该术语在材料项目中并不常用。”

“然而，上述关于危害和屏障的纵深防御概念在材料项目中是隐含的。考虑到材料许可证审批的三个主要组成部分——特殊许可证、一般许可证和豁免——NRC 和协议州的法规、许可证和指南规定了与材料类型和形式所带来的风险相称的针对放射性物质所带来的危害的屏障。”

“例如，10 CFR 36‘辐照仪的许可证和辐射安全要求’中对全景辐照仪的许可证审批要求可以说是材料项目中最详细的要求。该规则包括一个防御纵深考虑系统，其中包含实体屏障、工程安全、进入控制以及旨在保护工作人员和公众免受潜在重大辐照危害的行政和程序控制。”

“对于危险性较低的放射性物质用途、类型和数量，许可证审批要求可能较为宽松，体现在对纵深防御的重视程度较低。例如，便携式和固定式量具使用双重封装并装在相对坚固的外壳内的小型放射源。这些仪表只需在线接受少量的培训即可使用。”

“在 10 CFR 35 中，根据材料或形态造成的危害或风险，也有或多或少程度的纵深防御考虑。例如，对副产品材料的治疗应用的要求，特别是对那些涉及高活度源的应用（如高剂量率后装载机或伽马立体定向放射外科装置）的要求，比诊断性核医学的要求更严格，可能包括多重实体屏障和行政控制，以保护工作人员、患者和公众。”

“一般许可装置在设计和制造时考虑了纵深防御原则，以便人员可以在没有经过正式培训或没有经验且需要承担的责任要求很少的情况下拥有和使用此类装置。”

“因此，虽然在材料项目中有许多关于纵深防御考虑的隐性应用，但缺少的是将该理念作为项目开发、实施和监督的一部分进行明确考虑。作为实施拟议风险管理监管框架的一部分，RMTF 建议材料项目在规则制定、指导和项目实施中更明确地考虑纵深防御理念，并修改工作人员培训的相应部分，使这些概念成为此类培训的核心部分。”

5.3 铀回收（NUREG-2150）

该文件简要概述了 NRC 有关铀回收的法规中的纵深防御，内容如下：

“在 NRC 对铀回收的监管中，纵深防御的概念通常不作为一个明确的考虑因素。这在很大程度上反映了一个事实，即铀回收是一项风险相对较低的活动。这方面的例子包括对工厂尾矿库的设计特点和监管审查，以及反映纵深防御考虑的 ISR（原位回收）设施的回灌、回收和监测井的安排。”

5.4 高、低放废物处置

只发现五份文献讨论了关于高、低放废物处置的纵深防御，包括：

- 10 CFR 60 和 10 CFR 63。
- SECY-97-300。
- SECY-99-186。
- 《联邦公报》第 66 号公告。
- NUREG-2150。

5.4.1 10 CFR 60 和 10 CFR 63

高放废物受 10 CFR 60 和 10 CFR 63 管制，而低放废物受 10 CFR 61 管制。体现纵深防御原则的具体规定如表 5-2 所示。

表 5-2 10 CFR 60、10 CFR 61 和 10 CFR 63 中“纵深防御”的引用位置

编号	标题	要 求	备注
60.21*	申请内容	防止放射性物质释放到环境中的专设和天然屏障的有效性，包括本身可能不属于地质处置库运行区域一部分的屏障。 适用于对安全至关重要的结构、系统和部件，以及对废物隔离至关重要的专设和自然屏障的质量保证大纲的描述	提供防止泄漏的屏障是一个纵深防御原则； 保证设计、施工和运行的高质量是一个纵深防御的原则
60.122	选址准则	地质环境应表现出本节（b）段规定的条件的适当组合，以保证现有的有利条件与专设屏障系统一起足以提供合理的保证，以满足与隔离废物有关的性能目标	在有利于保护公共健康和安全的地点进行受管制的活动是一个纵深防御原则
60.131	地质处置库作业区通用设计准则	临界控制。所有用于处理、运输、搬运、贮存、回收、安置和隔离放射性废物的系统，其设计应确保除非核临界安全所必需的条件（至少两种不可能的、独立的、同时的或前后连续的变化）发生，否则不可能发生核临界	这一规定体现了冗余和多样性，是一个纵深防御的原则
61.7	概念	缓冲区是由持照者控制的处理场的一部分，位于处理场的下方，在处理场边界与任何处理装置之间。它提供了受控制的空间，以建立旨在提供放射性核素迁移早期预警的监测点，并在必要时采取缓解措施	提供缓解能力是一种纵深防御原则

编号	标题	要 求	备注
61.13	技术分析	保护人员防止无意中闯入的分析必须包括证明有满足废物分类和隔离要求的合理保证，并且将提供适当的屏障防止无意中闯入	提供足够的障碍是一种纵深防御的原则
63.112	地质处置库作业区域关闭前安全分析要求	地质处置库作业区域的关闭前安全分析必须包括……提供必要的冗余系统的手段，以足够的容量维持对安全至关重要的公用工程系统的能力	提供冗余是一个纵深防御原则
63.113	地质处置库永久性关闭后的性能目标	地质处置库必须包括多层屏障，既有天然屏障，也有专设屏障系统	提供屏障是一个纵深防御原则
63.161	地质处置库区域永久关闭应急预案	DOE（能源部）应制定并准备实施一项计划，以应对在地质处置库作业区域在永久关闭并去污或去污并拆除地面设施之前可能发生的放射性事故	应对事故的应急预案是缓解能力的一个要素，缓解能力是一个纵深防御原则

注：* 术语“纵深防御”确实出现在 10 CFR 60 的审议声明（SOC）中。在这种情况下，纵深防御似乎是根据多重屏障（系统屏障和实体屏障）来定义的，并且引入了平衡的概念。具体而言，最终规则（48 FR 28194-28299）的 SOC 包含以下声明：“NRC 建议，除了规定国家环境保护局（EPA）标准作为单一的整体性能标准外，一个‘合理可行’的做法是采用为地质处置库的每个主要元素规定最低性能标准的‘纵深防御’方法。NRC 的多重屏障方法得到了普遍认可，除了地质条件提供的自然屏障外，还确定了两个主要的专设屏障（废物包装和地下设施）。”后来，SOC 声明“多重屏障、纵深防御方法和单一 EPA 标准之间没有什么不一致之处”。

5.4.2 内华达州尤卡山的拟建处置库（SECY-97-300）

该 SECY 文件提出了一项制定关于在位于内华达州尤卡山的拟建处置库处置高放废物的法规的策略。文件论述了如何建议将纵深防御概念应用于尤卡山高放废物（HLW）处置库法规的制定。该文件指出：

“NRC 在其法规中广泛应用了纵深防御的概念，通过要求采用多重独立屏障，以及冗余的安全系统和屏障（如有可能）确保其持照设施的安全。纵深防御原则是 NRC 核反应堆确定性监管框架的基石。面对复杂设施的巨大不确定性，是作出监管决策的重要工具。传统上，当无法对屏障的可靠性进行可靠的定量评估时，人们会依靠屏障的独立性和冗余性来提供安全保证。由于采用了纵深防御，一般来说，没有直接考虑对屏障完整性的特定威胁的相对可能性，因此该方法本质上是保守的。”

该文件认为纵深防御对于这一应用具有独特特征，它是同类设施中的第一个，它在关闭后没有运行系统，只有非能动系统。该文件指出：

“1983 年，NRC 制定了关于地质处置的规定，这是将纵深防御理念首次用于设施的独特应用。当放置废物时，在地质处置库关闭之前，其运行很容易受到监管，就像任何其他 NRC 许可的设施一样。实际上，10 CFR 60 中所包含的关闭前运行的监管标准反映了 NRC 法规其他部分中常用的纵深防御方法，即通过使用设计保守性和多样性、应用全面的质量保证和辐射安全大纲和程序，以及维护适当的应急计划来确保运行处置库的安全性。”

“在关闭后的很长一段时间内，应用纵深防御原则对处置库性能进行监管必须考虑到地质处置库与具有能动安全系统的运行设施之间的差异，以及能动控制和干预的潜力。关闭后的处置库本质上是一个非能动系统，对其长期安全性的评估最好通过考虑其完整性和性能受到威胁的相对可能性来评估。”

该文件评估了说明多重屏障性能与纵深防御相关的需求：

“经修订的 1982 年核废物政策法案（NWPA）指示 NRC 制定高放废物（HLW）处置库的技术要求和准则，这些要求和准则对一个多重屏障系统作出了规定，并且与一般适用的美国国家环境保护局 HLW 处置标准不冲突。该法案还规定，NRC 制定的技术准则‘……应规定在处置库的设计中使用多重屏障系统’。虽然法律要求 NRC 要求采用一个多重屏障系统，但如何按照 NRC 的纵深防御政策评估这些屏障的性能在 10 CFR 60 法规的制定、颁布和实施过程中一直是一个主要问题。”

5.4.3 澄清尤卡山纵深防御的工作人员计划（SECY-99-186）

该文件的目的是向 NRC 通报工作人员计划在 10 CFR 63 中管理尤卡山高放废物处置法规中解决纵深防御问题。该文件表明：

“1999 年 4 月 12 日发布的工作人员需求备忘录指示工作人员评估 NRC 如何能够更清楚地深入解决处置库纵深防御问题，以促进对这一概念的统一认识，并将其调查结果告知 NRC。本文件响应这一指示，并提供了工作人员的计划，以阐释其对地质处置库纵深防御论证的要求……在完成 10 CFR 63 和 YMRP 时，工作人员将纳入 NRC 在 1999 年 3 月 1 日发布的《风险指引和基于性能的监管白皮书》中阐述的纵深防御理念，并确定了涉及利益相关者的具体活动。”

NRC 对 10 CFR 63 多重屏障和“纵深防御”考虑的全面审查，载于 SECY-97-300《制定内华达尤卡山拟议贮存库处置高水平放射性废物适用法规的策略提案》的附录 3。

预计关闭前运行的纵深防御将以类似于其他运行中的核设施的方式实现。

该文件阐述了 10 CFR 60（规定了性能目标数值）和 10 CFR 63（提议对这些目标进行修订）在保持关闭后纵深防御方面与多重屏障性能有关的差异。该文件规定：

“为了维持 NRC 的纵深防御理念，但避免将数值化的子系统性能目标纳入其特定厂址的法规中，工作人员提出一项拟议的监管方法（SECY-97-300），NRC 接受了这一方法，其中包括对处置库屏障性能的评估，但没有指定子系统性能的目标数值……”

“这种方法需要美国能源部（DOE）提供更大的透明度，说明多重屏障如何影响整体性能，以及相关的不确定性。该方法不要求遵守与美国国家环境保护局标准无关的单个屏障的单独性能目标……根据 10 CFR 63.114 的建议，DOE 必须：

（1）确定专设屏障系统的设计功能……

（2）描述被认为对废物隔离很重要的屏障隔离废物的能力（考虑到屏障表征和建模的不确定性）……

（3）为描述被认为对废物隔离很重要的屏障隔离废物的能力提供技术基础……”

“工作人员认为，这些对多重屏障的要求，与能动和非能动机构控制的要求相结合，足以为关闭后的处置库性能提供纵深防御。”

该文件的附录重复了 NRC 在其《风险指引和基于性能的监管白皮书》（1999 年 3 月 11 日发布）中对纵深防御的定义：

“纵深防御是 NRC 安全理念的一个要素，这一安全理念是，当核设施发生故障、事故或自然原因引起的事件时，采用纵深防御的补偿措施来防止事故或减轻损害。

纵深防御理念确保安全不会完全依赖于核设施的设计、建造、维护或运行的任何单一要素。将纵深防御纳入设计、建造、维修和运行的净效应使得相关设施或系统往往更能应对故障和外部挑战。”

文件附录简要说明了由天然屏障和专设屏障组成的多重屏障系统将如何“协同工作，以提高处置库的整体性能”，并保持纵深防御。

5.4.4 《联邦公报》第 66 号公告

该文件在“在内华达州尤卡山拟建处置库处置高放废物”一节中解释了内华达州尤卡山高放废物处置库的最终规则 10 CFR 63 中关注的与纵深防御相关的设施，并回应了各利益相关方对规则草案提出的意见。具体而言，该文件概述了多重屏障与纵深防御之间的关系，内容如下：

“NRC 认为，在拟议的 10 CFR 63 附带的补充信息中，它为多重屏障和纵深防御方法提供了坚实的基础。总体来说，NRC 认为，处置库系统应反映纵深防御的理念。NRC 预计，如果处置库系统由多个屏障组成，那么它将更能承受意外故障和外部挑战。最终法规规定了定量评估关闭后性能的准则（例如，人员保护、地下水保护和人为入侵评估）。这些准则通过要求对特定系统属性和外部条件对性能的影响提供对风险见解的计算，帮助确保纵深防御。DOE 必须评估处置库系统的性能，核实其结果是否符合通用设计准则（例如，需要使用多个屏障和通过标记识别处置库）。DOE 还必须评估系统对各种外部挑战的响应（例如，性能评估中处理的破坏性事件，以及指定的人为入侵场景）……尽管不一定需要作为单独的论证，但这需要关于屏障能力的信息，作为性能评估的一部分，说明处置库对意外故障或外部挑战具有适应能力或缺乏适应能力。此外，关于拟建处置库纵深防御的量化见解直接来自性能评估中的定量评估……因此，完整的性能评估（即符合 10 CFR 63.114 的评估）将说明多重屏障的有效性，以及纵深防御理念的实施，这样即使在屏障受到挑战时，也能满足人员保护标准。”

该文件继续阐述了自然（即地质）屏障如何提供纵深防御，如下所示：

“……NRC 相信，通过对整个处置库系统性能进行全面和适当记录的评估，将找到多重屏障系统具有适应能力或缺乏适应能力的证据……无论废物包装是否被破坏，地质系统‘延缓’或减缓污染物增加的能力都存在。因此，无论废物包装的释放情况如何，地质屏障都可以提供纵深防御。”

5.4.5 低放废物和高放废物的处理（NUREG-2150）

该文件总结了 NRC 关于低放废物（LLW）和高放废物法规中纵深防御的特征：

低放废物

“在 NRC 内部和 NRC 外部，对风险指引、基于性能和纵深防御等术语没有统一的理解和使用。”

“纵深防御的概念隐含在 10 CFR 61 的要求和结构中，尽管没有明确使用术语本身。该规则规定了一系列屏障或控制措施，以确保实现性能目标，并充分保护公众和环境。例如，10 CFR 61 要求 LLW 处置设施许可证的申请人妥善设计处置单元覆盖，以尽量减少水侵入处置单元。如果水侵入处置单元，规则中关于废物形式、包装和放置的其他要求作为额外的屏障或控制措施，最大限度地避免水与废物接触和作为介质扩散放射性核素。如果这些放射性核素以某种方式从废物中渗出，则该规则要求在处置装置和处置场址边界之间以缓冲区的形式设置额外的屏障或控制设施，该缓冲区必须足够大，以便采取缓解措施。”

“10 CFR 61 中的联锁和强化系统方法（场地适宜性、废物形式和分类、入侵者屏障、有组织的控制等）基于各种废物类别构成的风险，提出了对纵深防御功能的隐含考虑。”

“NRC 应明确描述拟议风险管理框架内的纵深防御如何适用于 LLW 项目，并将其纳入当前和未来的工作人员指导文件以及工作人员的培训和开发活动。”

高放废物

“也许 NRC 法规最重要的变更是地质处置库关闭后的纵深防御方法（即多重屏障要求的实施）。地质处置的一个长期原则是依赖多重屏障来限制放射性核素的释放和迁移。专设屏障（如废物包装和废物形式）应与地质或自然屏障互补并协同工作，以保证安全不完全依赖于单一屏障或现象。”

“NRC 的纵深防御管理理念反映在 10 CFR 63 的关闭后多重屏障要求中。符合多重屏障要求是通过性能评估来证明的。”

5.5 特殊核材料国内审批

只发现有三篇文献论述了关于特殊核材料国内审批的纵深防御：

- 10 CFR 70。
- NUREG-1520。
- NUREG-2150。

5.5.1 10 CFR 70

使用特殊核材料的设施，如燃料循环设施，受 10 CFR 70 的管制。该法规在所有非反应堆法规中是独一无二的，因为法规本身明确规定了纵深防御。提及纵深防御或体现纵深防御原则的具体规定如表 5-3 所示。

表 5-3　10 CFR 70 中提及“纵深防御”的位置

编号	标题	要求	备注
70.64	对新设施或现有设施的新工艺的要求	见下文	见下文
70.64（a）（9）	临界控制	设计必须提供临界控制，包括遵守双偶然原则	双偶然原则结合了冗余和多样性，这是一个纵深防御原则
70.64（b）	无标题	设施和系统设计和设施布局必须基于纵深防御实践。 如 10 CFR 70.64“对现有设施的新设施或新工艺的要求”中所述，纵深防御实践是指一种设计理念，从一开始到设计完成，都是基于提供连续的保护层次，这样健康和安全就不会完全依赖于设施的设计、建造、维护或运行的任何单一元素。纳入纵深防御实践的净效应是一个保守设计的设施和系统，将对故障和外部挑战表现出更大的承受度。通过执行综合安全分析获得的对风险的见解可以通过将注意力集中在预防和减轻高风险潜在事故上，来补充最终设计	定义了燃料循环设施的纵深防御

5.5.2　核燃料循环设施标准审查大纲（NUREG-1520）

该文件指出，NRC 根据 10 CFR 70 对燃料循环设施作出的审批决定包括“符合性能要求、基准设计准则（BDC）、纵深防御和管理措施的充分性要求”。该文件具体确定了考虑纵深防御的必要性，内容如下：

“10 CFR 70.64 规定，设计过程必须建立在纵深防御原则的基础上，并且必须在可行的范围内，优先考虑工程控制而不是行政控制，并减少对安全依赖物项（IROFS）的挑战。由于这一规定，系统安全设计缺乏纵深防御实践，由纯粹的行政控制组成，或者依赖经常或持续受到挑战的 IROFS 的新设施，是不可接受的，除非申请提供理由表明达到设计标准的替代方案是不可行的。”

“其他可靠性质量与 IROFS 或 IROFS 系统的特性有关：

— 纵深防御。

— 冗余度。

— 独立度。

— 多样性。

— 易受共模故障的影响。”

该文件对燃料循环设施的纵深防御进行了描述，其中包含了这些设施特有的安全系统特征：

“纵深防御：纵深防御是指多个 IROFS 或 IROFS 系统在产生不良后果（如临界、化学物质释放）之前失效的程度。提供纵深防御的 IROFS 可以是独立的，也可以是关联的，尽管 IROFS 在实际情况下应该是独立的，因为任何单个 IROFS 的可靠性可能不如预期的那么高。这将使风险评估的结果对错误的承受度更高。此外，如果确定可能性的方法假设独立性（例如，依赖于指标求和的方法），则 IROFS 必须是独立的。如果没有可信的单一事件（共模故障）可能导致每个 IROFS 的安全功能失效，则 IROFS 是独立的。多个独立的 IROFS 通常最大限度地降低风险。冗余度、独立性和多样性是决定 IROFS 系统降低风险程度的重要因素。”

“冗余度：通过指定执行相同基本安全功能的冗余 IROFS 来提供纵深防御。冗余 IROFS 可以是多样的，也可以不是多样的；它们不一定由相同的设备或运行人员动作组成。然而，当相同的设备或运行人员提供冗余时，必须确保识别出所有可信的共模故障。”

“多样性：多样性是指执行不同安全功能的 IROFS 提供纵深防御的程度。这意味着在可能发生事故之前，必须发生不同类型的故障。不同的控制可能包括对不同参数的控制或对同一参数的不同控制方式。在选择冗余控制时，应优先考虑多种控制手段，因为它们通常比非多样化手段更不易受到共模故障的影响。然而，在评估整体故障可能性时，仍有必要考虑所有可信的故障模式。”

“现有设施的新工艺也必须符合 10 CFR 70.64（b）的要求，这要求纵深防御和优先考虑工程控制而不是行政控制。”

该文件确定了以纵深防御为重点的审查要素，并概述了审查申请者综合安全评估（ISA）时应采取的步骤：

“申请者描述其如何为新工艺执行 ISA，以及 ISA 如何满足 BDC 原则和 10 CFR 70.61 中的性能要求。应通过完成设计中尽早采用纵深防御的做法，即通过提供连续的保护层次，使健康和安全不会完全依赖于设施的设计、建造、维护或运行的任何单一要素。申请人还解释了如何将纵深防御应用于高风险事故序列。临界安全设计中可接受的纵深防御原则是那些支持分级控制的原则：预防、缓解和操纵员干预，按优先顺序排列……”

……10 CFR 70.64（a）（9）要求设计“提供临界控制，包括遵守双偶然原则”。10 CFR 70.64（b）进一步规定，新设施或工艺必须采用纵深防御实践，其定义为“从设计开始到设计完成采用的，基于提供连续的保护层次，使健康和安全不会完全依赖于设施的设计、建造、维护或运行的任何单一元素的设计理念”。

“化学工艺安全设计中可接受的纵深防御原则是那些支持分层控制的原则：预防、缓解和操纵员干预，按优先顺序排列。”

5.5.3 特殊核材料国内审批（NUREG-2150）

该文件总结了燃料循环设施纵深防御的特点：

“燃料循环设施工艺安全的纵深防御的要求和定义在 10 CFR 70.64（b）中有明确规定。该定义与 SECY-98-144《风险指引和基于性能的监管白皮书》中包含的定义相同，该白皮书定义了‘风险指引’‘纵深防御’和相关概念（NRC，1998）。此外，双偶然原则几十年来一直是核临界安全领域的行业标准，也是 10 CFR 70.64（a）（9）的强制规定。因此，纵深防御被应用于符合 NRC 指南的燃料循环设施监管中。然而，与动力反应堆不同，动力反应堆在设计和运行中内置了更固定的屏障和控制措施，例如安全壳，而每个燃料循环单位工艺的纵深防御是不同的。随着新工艺的增加或现有工艺的改变，这些设施的纵深防御的设计和维护都是基于当前运行的特点。因此，纵深防御是燃料循环设施的一个持续过程，而不是由初始设计永久建立的过程。”

5.6 运输

放射性物质的运输受 10 CFR 71 管辖。与运输相关的额外纵深防御讨论见 NUREG-2150。

涉及纵深防御的规定如表 5-4 所示。

表 5-4　10 CFR 71 中提及“纵深防御”的位置

编号	标题	要求	备注
71.43	所有货包的通用标准	每个货包必须包括一个密封系统，该系统由一个可靠的紧固装置安全地封闭，该装置不能被无意中打开也不会被包装内可能产生的压力打开	密封系统可被视为防止泄漏的屏障，这是一个纵深防御原理
71.55	裂变材料包装的通用要求	用于装运裂变材料的包装必须妥善设计和制造，且必须适当限制其内容物，以保证如果水泄漏到密封系统中，或液态容纳物泄漏出包容系统，在（规定的）条件下达到可裂变材料的最大反应性情况下，该包装仍处于次临界状态。 如果包装采用特殊设计确保没有单一包装错误会导致泄漏的特征，委员会可以批准例外情况……	为了确保在最大可信事故条件下的亚临界，设计需要结合冗余和多样性，这是一个纵深防御原则

NUREG-2150（NRC，2012a）指出，纵深防御仅在运输安全的监管方法中隐含使用：

“虽然没有明确使用‘纵深防御’一词，但目前批准和检查放射性货包的监管方法仍通常遵循风险指引和基于性能的纵深防御方法。例如，对不同类型的货包的安全要求随着所包含的数量（放射性）或危害的增大而变得更加严格。抗事故包装的阈值基于A1（特殊形式或封装材料）或 A2（正常形式）的数量确定。反过来，A1 和 A2 的数量是基于使第一响应者的预期剂量低于 5 rem 的职业辐照限值的事故模型。如果包装中含有超过 A1 或 A2 的数量（即有可能导致超过 5 rem 的辐照），则需要满足 B 类事故条件。目前的系统还允许将通常需要 B 类包装的数量用不那么坚固的包装进行运输，这归功于所运输材料的低比活度。”

5.7　乏燃料的贮存

只发现了 4 篇文献论述了关于乏燃料贮存的纵深防御：

- 10 CFR 72。
- NUREG-1536。

- NUREG-1567。
- NUREG-2150。

5.7.1 10 CFR 72

10 CFR 72 中涉及纵深防御的规定如表 5-5 所示。

表 5-5 10 CFR 72 中提及“纵深防御”的位置

编号	标题	要求	备注
72.124	核临界安全标准	临界安全设计。乏燃料处理、包装、转移和贮存系统必须设计为维持次临界状态，并确保在可能发生核临界事故之前，对核临界安全至关重要的条件中至少发生了两个低可能性的、独立的、同时或前后连续的变化	为确保临界安全，设计需要纳入冗余和多样性，这是一个纵深防御原则
72.236	乏燃料贮存容器批准和制造的具体要求	乏燃料贮存容器的设计必须能够提供封闭系统的冗余密封	这一要求涉及冗余，这是一个纵深防御原则

5.7.2 干容器存储系统标准审查大纲（NUREG-1536）

该文件定义了纵深防御的概念，并确定了干容器存储系统的纵深防御要素：

“长期以来，纵深防御一直是 NRC 安全理念的关键要素。其目的是确保关键安全功能的实现不依赖于设计、建造、维护或运行的单一要素。实际上，纵深防御是用来提供一项或多项额外措施来支持一线安全措施，为关键安全功能的完成提供额外的保证。传统的反应堆纵深防御措施包括包容、封闭、冗余和多样化的衰变热去除手段以及紧急疏散计划等项目。对于干容器存储系统（DSS），与纵深防御相关的措施示例如下：

— 包容系统（燃料包壳完整性的第二道屏障）。

— 运行控制与监控。

— 非机理性的和包络性的事件分析（以降低厂址特定的不确定性）。”

“纵深防御措施通常是在考虑安全功能的重要性和可能影响其性能的潜在不确定性（即工程判断）的基础上决定的。”

该文件简要介绍了审查程序，并对其进行了优先级排序，特别是那些专注于纵深防御的程序，具体如下：

“关于 SRP（标准审评大纲）中评审程序的优先顺序，如果评审程序与为一线防御提供冗余备份有关（例如，包容通常被认为是一种纵深防御措施，因为它为包壳完整性提供了冗余），则可以将其视为与纵深防御相关。纵深防御措施并不是要降低一线安全措施的重要性。纵深防御措施的目的是提供额外的保证，使安全功能得以完成。纵深防御的目的不是降低一线安全措施的重要性，因为如果降低了这些措施的重要性，与这些措施相关的 NRC 工作人员审查的重要性也会降低，这可能会影响一线安全措施的可靠性或性能。这可能会使纵深防御措施成为执行安全功能的主要手段，而不是备用措施。”

哪些措施可以视为纵深防御，该文件提供了指导：

“在确定干容器 SRP 优先次序时，每个需要确定优先次序的段落（或每组段落）将从纵深防御角度单独审查，以确定该段落（或段落组）是否与纵深防御相关。如果该段落与纵深防御相关，并且不符合该段，则应确定纵深防御措施是否可能受到影响以及风险程度。要确定纵深防御措施是否可能受到影响，首先有必要确定什么是纵深防御措施？为了帮助作出这一决定，使用了以下指南。”

“纵深防御措施是 SRP 要求的任何设计特征或行动，作为一线安全措施的后备措施。这可以确保，如果一线安全措施丧失，备用措施可以执行该安全功能。”

“SRP 审查程序中被视为纵深防御的物项，应该进行纵深防御评定。”

“需要指出的是，纵深防御措施并不是要降低前沿安全措施的重要性。纵深防御措施的目的是提供额外的保证，使安全功能得以实现。”

5.7.3 乏燃料干式贮存设施标准审查大纲（NUREG-1567）

该文件指出，在审查乏燃料干式贮存设施防火大纲时，审查人员应重点关注纵深防御：

“审查人员应根据 10 CFR 72.122（c）的设计总则，验证 FPP 是否能够保证火灾不会显著提高放物质向环境释放的风险。纵深防御方法应该在火灾预防、探测、阻隔和扑灭之间取得平衡。”

5.7.4 乏燃料贮存（NUREG-2150）

该文件表明，在乏燃料贮存管理大纲中主要以隐含的方式使用纵深防御（除了一个明显的例外），并敦促 NRC 使其明确使用。该文件指出：

“正如本报告前面所指出的，纵深防御是 NRC 监管计划的重要组成部分。纵深防御的概念在乏燃料（SNF）贮存监管计划中没有明确或统一的应用。最值得注意的是，这一概念被纳入 10 CFR 72.124（a），即防止核临界的双偶然原则。除了目前的审批方式外，纵深防御也可能是各种干式贮存系统的设计和运行所固有的。然而，这些方面并没有被明确识别或认可为纵深防御的考虑因素。因此，尽管在 SNF 贮存监管计划中存在隐性的纵深防御考虑的应用，但更明确的考虑和应用这一理念是有必要的。”

“虽然拟议的风险管理方法的要素已在 SNF 贮存监管方法中使用，以便一致地评估可接受的风险水平和纵深防御（实体屏障、控制或裕量）的充分性，但 NRC 应制定必要的风险信息、相应的决策指标和数字指南。”

“这对于指导现有 SNF 贮存监管方法的进一步变更和评估各种 SNF 贮存活动的策略非常重要。作为拟议的风险管理监管框架实施的一部分，NRC 应该更加一致地明确考虑纵深防御的概念，并评估其在 SNF 贮存监管计划中的适当使用。NRC 还应改进工作人员培训的相应部分，使这一概念成为此类培训的核心部分。”

6 核安保的纵深防御

6.1 概述

“纵深防御”一词在核管理委员会监管的核设施安保领域很少使用，使用方法也不一致。然而，如下文所述，纵深防御的特征出现在 10 CFR 的各个部分，以及其他来源文件中，如 NUREG 报告、管理导则和国际原子能机构发布的有关安保和实物保护的文件中。

材料被分为两类，在第 6.2 节中，第一类由 10 CFR 30 和 10 CFR 37 中副产品材料的安全相关安保相关纵深防御参考资料以及相关的 NUREG 组成；第二类包括 10 CFR 73 中关于核电站和核材料的实物保护与安保相关的纵深防御参考资料和相关指导文件。

6.2 副产品材料

讨论关于副产品材料安保的纵深防御的文献有两个来源：

- 10 CFR 30 和 10 CFR 37。
- NUREG-1556，第 1 卷。

6.2.1 10 CFR 30 和 10 CFR 37

涉及副产品材料的纵深防御问题的法规如表 6-1 所示。

表 6-1　10 CFR 30 和 10 CFR 37 中的“纵深防御”相关声明

编号	标题	要求	评论
30.34	许可证条款和条件	便携式仪表的安保要求：每个便携式仪表持照者应至少使用两个独立的形成有形屏障的实体控制，以确保便携式仪表在不受持照者的控制和持续监视时，不会被擅自拆除	这一规定被认为是针对纵深防御，因为它涉及冗余和多样性
37.47	安保区域	（a）持照者应确保在持照者建立的安保区域内使用或贮存全部数量的第一类和第二类放射性物质；（c）允许获准的人可以无陪伴进入安保区域，至少必须做到使用连续的实体屏障隔离第一类和第二类放射性物质，只允许通过规定的出入控制点进入安保区域	对连续实体屏障的要求被认为是一种纵深防御措施
37.49	第一类和第二类放射性物质的实物保护：使用过程中的要求	安保区域：“持照者应提供在失去主电源时保持持续监测和检测能力的手段，或在失去这种能力时提供警报和响应。”	提供备用电源或警报和响应以保持持续的监控被认为是一种纵深防御功能，因为它涉及在维护安保方面的冗余和多样性
37.53	对移动设备的要求	拥有含有第一类或第二类放射性物质的移动设备的持照者必须：（a）有两个独立的物理屏障的实体控制，防止设备不在持照者的直接控制和持续监视下时，材料被未经授权转移	对两个独立控制的要 求被认为是一种纵深防御措施，因为它涉及冗余和多样性
37.79	第一类和第二类数量放射性物质运输期间的实物保护要求	（a）公路运输。（1）在单次装运中运输或交付承运人运输第一类放射性物质的每个持照者应：（ii）确保建立冗余通信方式，使运输者能够随时联系护送车辆（在使用时）和移动控制中心。冗余通信方式不能受到与主要通信方式相同的干扰因素的影响	对冗余通信的要求是一种纵深防御措施

6.2.2　便携式仪表许可证的标准审查大纲（NUREG-1556 V1）

便携式仪表许可的标准审查大纲表明了需要纵深防御措施以确保安全，基础是防止未经授权接近的多个实体屏障。该文件规定：

“在任何时候，持照者必须在使用时都保持对便携式测量仪的控制并持续监视，至少使用两个独立的实体控制来确保便携式测量仪在贮存期间不被擅自转移。所使用的实体控制的设计和制造材料应适合确保便携式仪表不会被转移，并且必须克服这两种实体控制，才能转移便携式仪表。实体控制的构造和设计应使便携式仪表很难转移，以防止盗窃。安保程序应确保所选择的两个实体屏障比单个屏障更能增加威慑作用，并且两个实体屏障将使擅自拆除便携式测量仪更加困难。”

“只要持照者在运输便携式测量仪时保持持续的控制和监视，持照者只需要遵守美国交通部对运输的要求（例如，标牌、标签、运输文件、围栏和防护）。但是，如果持照者不安排人员看管车辆和便携式仪表（例如，在访问加油站、餐馆、商店时），便携式仪表必须按照 10 CFR 30.34（i）的要求由两个独立的控制加以保护。”

6.3 电站和材料的实物保护

文献中论述电站和材料实物保护方面的纵深防御的来源有：

- 10 CFR 73。
- RG 5.63。
- RG 5.71。
- NUREG-1804，Rev 2。

6.3.1 10 CFR 73

在 10 CFR 73 中，几个涉及由 NRC 监管的电站和材料的实体安保的要求隐含地或明确地提到纵深防御。表 6-2 中列出了这些内容。

表 6-2 10 CFR 73 中的“纵深防御”相关声明

编号	标题	要求	评论
73.20	总体性能目标和要求	（b）持照者应建立和维护或安排符合下列要求的实物保护系统，其中第（2）条规定：设计有足够的冗余和多样性，以确保维护 10 CFR 73.25 和 10 CFR 73.45 中描述的能力	对冗余和多样性的要求属于纵深防御的特征
73.25	特种战略性核材料在运输过程中的实物保护性能	（d）实物保护系统，其中第（4）条规定：确保一次敌对行动不能破坏武装护送人员通知当地执法力量需要援助的能力	防止单一故障是一种纵深防御措施
73.26	运输实物保护系统、子系统、部件和程序	公路运输：一种特别设计的货运卡车或拖车，可以减少盗窃的可能性。两辆单独的押运车辆随行。武装押运人员共 7 人，其中至少 2 人在货车内。 武装货运车辆：此类货物应当有三辆单独的押运车辆陪同。共有 7 名武装护送人员，其中至少 2 名在货运车辆上	要求有多辆护送车和 7 名武装护送人员，这是一个纵深防御功能，因为它涉及冗余

编号	标题	要求	评论
73.37	辐照后反应堆燃料在运输中的实物保护要求	（c）公路运输：乏燃料公路运输的任何阶段的实物保护系统，其中第（3）条规定：运输车辆和每辆押运车辆均配备冗余通信能力。 （d）铁路运输：通过铁路运输的乏核燃料的任何部分的实物保护系统，其中第（3）条规定：火车司机和每个押运人员都配备冗余通信能力。 （e）在美国水域运输：在美国水域内的乏燃料运输的任何部分的实物保护系统，其中第（4）条规定：每个武装护送人员均应配备冗余通信能力	对冗余通信能力的要求是一种纵深防御的特性
73.45	固定场址实物保护系统的性能	实体屏障子系统：重要区域和材料存取区必须位于保护区内，以保证在使用重要设备和特种战略性核材料时需要通过至少三个实体屏障。保护区的周边必须设置两个独立的实体屏障，并在两者之间设置一个入侵检测系统	对防止进入的实体屏障（包括多层屏障）的要求是一种纵深防御特性
73.46	固定场址实体保护系统、子系统、组件和程序	（c）实体屏障子系统，其中第（1）条规定：重要区域和材料存取区域必须位于保护区内，以保证在使用重要设备和特种战略性核材料时需要通过至少三个实体屏障。保护区的周边必须设置两个独立的实体屏障，并在两者之间设置一个入侵检测系统。 （e）检测、监视和报警子系统和程序，其中第（5）条规定：根据本节要求的所有警报都应在保护区内的连续有人操作的中央报警站中发出警报，以保证一次操作不会消除呼叫援助或响应警报的能力	设置多层屏障阻碍进入重要区域和使用区域的要求与 10 CFR 73.45 中的要求相同，属于纵深防御功能。 防止一次操作禁用警报的要求是一项纵深防御功能，因其涉及冗余性
73.50	许可活动的实物保护要求	实体屏障：持照者应将重要设备放置在重要区域内，而重要区域又应位于受保护区域内，以保证进入重要设备需要通过至少两个实体屏障。持照者应仅在受保护的区域内设置材料存取区域，以保证进入材料进入区域需要通过至少两个实体屏障。 检测辅助设备：根据本部分要求的所有警报应在位于保护区内的连续有人的中央警报站和至少一个其他连续有人的警报站（不一定在保护区内）发出，以保证一次操作不能消除呼叫援助或以其他方式响应警报的能力	对多重实体屏障的要求是一种纵深防御措施。 需要多个报警位置来帮助检测是一种纵深防御措施，因为它涉及冗余

编号	标题	要求	评论
73.51	贮存乏燃料和高放射性废物的实物保护要求	乏燃料和高放废物必须只贮存在保护区内，以保证要想接触到这些材料，必须通过或穿透两个实体屏障，一个屏障位于受保护区域的周边，另一个屏障提供牢固的防入侵能力	对两个实体障碍的要求是一种纵深防御措施
73.54	保护数字计算机和通信系统和网络	第（c）节第（2）条规定：必须制订网络安全计划，以应用和维护纵深防御保护战略，确保对网络攻击进行检测、响应和在网络攻击后恢复正常的能力	该法规明确要求对网络攻击实施纵深防御
73.55	反应堆的实物保护	第（b）节第（3）条第（ii）款规定：根据需要，通过整合系统、技术、大纲、设备、辅助流程和实施程序，提供纵深防御，以确保实物保护大纲的有效性。 第（b）节第（9）条第（i）款规定：经批准人员或授权无陪同访问的人员访问受保护或重要区域时，减轻内部人员威胁大纲必须监控初始和持续可信度和可靠性，并实施纵深防御方法最大限度地降低内部人员直接或间接对持照者防止重大堆芯损坏和乏燃料破损的能力产生不利影响的可能性	法规明确要求采用纵深防御策略或方法来确保反应堆保护
73 附录 C	持照者保障应急计划 II.核电站保障应急计划	3. 持照者规划基础。此类信息应包括影响每个设施特定的保障应急计划的因素…… c. 保障系统。保障应急计划必须包括实体安保系统的描述，该系统支持和影响持照者根据 10 CFR 73.1（a）中描述的设计基准威胁对事件作出响应…… （i）要讨论的实体安保系统和安保系统硬件包括提供纵深防御的安保系统和措施，如实体屏障、报警系统、锁、区域进出口、武装、监督和通信系统…… （v）持照者应制定、实施并维护书面保护策略，该保护策略需要形成规程……该保护策略应： （4）包含实体安保系统和提供纵深防御的措施的描述，如实体屏障、报警系统、锁、区域进出口、武装、监视和通信系统	这些要求明确地将纵深防御作为实体安保系统和保护策略的应急计划的一部分

6.3.2 运输中转的实物保护（RG 5.63）

1982 年管理导则（RG）描述了持照者可采取的措施，为 10 CFR 70 要求的定期和不定期的运输中转提供实物保护。以下说明中提到了纵深防御：

“运输中转需要允许许多人进入受控区域进行车辆维护、处理其他货物等操作，需要对特种战略性核材料（SSNM）的运输提供纵深防御的附加保护，这超出了受控存取区域的保护要求，因此具备检测运输途中对 SSNM 入侵企图的能力尤为重要。”

6.3.3 核设施网络安全大纲（RG 5.71）

该 RG 提供了一种 NRC 工作人员认为可以接受的方法，以遵守该委员会关于保护 10 CFR 73.1 所定义的数字计算机、通信系统和网络免受网络攻击的规定。如果所选措施满足规定的监管要求，持照者可以使用不同于本导则中描述的方法来满足委员会的规定。以下内容提到纵深防御：

“纵深防御策略是一组文件化的补充和冗余安保控制，它建立了多层保护来保护关键系统。在纵深防御策略下，单个保护策略或安保控制的失效不应导致安全、安全相关、安保或应急准备功能受到影响。”

“纵深防御可以通过多种方式实现。从安全架构的角度来看，需要设置多个安保边界，保护关键系统和网络免受网络攻击。这样一来，只有在多层保护机制失效的情况下，网络攻击才能得逞并影响关键系统或网络。因此，纵深防御不仅需要实现多个安保边界，还要建立和维护一个有效的安保控制大纲，以评估、保护、响应、预防、检测和减轻对关键数字资产（CDA）的攻击并进行恢复。”

6.3.4 尤卡山标准审查大纲（NUREG-1804，Rev 2）

通过审查内华达州尤卡山高放废物处置库实物保护计划的要求，确定了可能被认为是纵深防御的要求。该文件指出：

“美国能源部已经识别并充分描述了按照 10 CFR 73.51（b）（2）要求的实物保护系统中那些需要冗余和多样化部件以及子系统和组件的部分，以确保其足够的性能。进入控制区内的材料需要通过两个实体屏障，一个屏障就是控制区的边界，另一个是提供实质性屏蔽能力的屏障。”

7

国际视角下的纵深防御

7.1 概述

国际社会关于纵深防御的资料来源包括：

- 国际原子能机构（IAEA）文件。
- 核能署/核监管活动委员会/核设施安全委员会（NEA/CNRA/CSNI）针对福岛第一核电站事故所面临的挑战和改进的联合研讨会（NEA，2014）。
- DiD-PAS：制定《通过 PSA 进行纵深防御评估的框架》，瑞典辐射安全局（SSM，2015）。
- 核电站纵深防御的实施：福岛第一核电站事故的经验教训，核能机构（NEA，2016）。

7.2 国际原子能机构文件

国际原子能机构已经发布了几份关于纵深防御的报告。其中包括以下文件：

- INSAG-3。
- INSAG-10。
- INSAG-12。
- IAEA SRS-46。
- IAEA SF-1。

- IAEA TECDOC-1570。
- IAEA NP-T-2.2。
- IAEA SSR-2/1。
- IAEA INFCIRC 225。

前七份文件涉及应对可能导致事故的意外事件的纵深防御措施，而最后两份文件涉及核安保相关问题的纵深防御。

7.2.1 INSAG-3，1988 年

国际核安全咨询小组在 INSAG-3《核电站的基本安全原则》（国际原子能机构，1988 年）对纵深防御的表述为：

“所有安全活动，无论是组织的、行为的还是与设备相关的，都受到层层重叠措施的约束，因此，如果发生故障，将得到补偿或纠正，而不会对个人或广大公众造成伤害。这种多层次保护的理念是纵深防御的核心特征，它在随后的具体安全原则中被反复使用。”

该文件接着阐述了纵深防御的原则：

“为了弥补潜在的人为和机械故障，以几个层次的保护为中心，实施了纵深防御概念，建立防止放射性物质向环境释放的连续屏障。这一概念包括通过避免对核电站和屏障本身造成损害来保护屏障。它还包括在这些屏障不能完全有效的情况下保护公众和环境免受损害的进一步措施。”

7.2.2 INSAG-10，1996 年

INSAG-10《核安全中的纵深防御》（国际原子能机构，1996 年）重申了在 INSAG-3 中提出的关于纵深防御的解释。它进一步指出：“纵深防御包括对不同层次的设备和程序进行分层部署，以便在正常运行、预计运行事件期间，以及在核电站发生事故时（对于某些屏障），保持设在放射性物质与工作人员、公众或环境之间的实体屏障的有效性。”报告指出，纵深防御的目标是“补偿潜在的人员和部件故障，通过避免对电站和屏障本身的损害来保持屏障的有效性，并在这些屏障不能完全有效的情况下保护公众和环境免受伤害”。报告接着指出：“纵深防御的策略是双重的：第一，预防事故发生；第二，如果预防失败，则限制事故的潜在后果，防止任何向更严重情况的演变。事

故预防是第一要务。”

报告中定义了五个防御层次，如果一个层次失效，随后的层次就会发挥作用。这五个层次的目标如下：

（1）防止异常运行和系统故障。

（2）对异常运行的控制和对故障的检测。

（3）控制设计基准事故。

（4）控制严重事故，包括预防事故进展和缓解严重事故后果。

（5）减轻放射性物质大量释放所造成的放射性后果。

关于上述层次，报告指出：“纵深防御的总体目标是确保一个防御层次的单一故障（无论是设备故障还是人为故障），甚至是多个防御层次的故障组合，都不会影响后续层次的纵深防御。”

此外，对于每一个层次，都提供了进一步的解释，并附带了如何实施的示例。报告还指出：“为了有效实施纵深防御，一些基本先决条件适用于 1～5 层的所有措施。这些先决条件……是适当的保守性、质量保证和安全文化。”

报告中提供了每个先决条件的目标。

7.2.3　INSAG-12，1999 年

INSAG-12《核电站的基本安全原则》提供了一个逻辑框架，目的是理解核安全的基本目标和原则以及其各方面相互关联的方式。将纵深防御作为一个基本原则进行了讨论。这些关于纵深防御的陈述虽然相似，但与 INSAG-3 或 INSAG-10 略有不同。在这份报告中，纵深防御是一个原则：

“为了弥补潜在的人为和机械故障，以几个层次的保护为中心，实施了纵深防御概念，建立防止放射性物质向环境释放的连续屏障。该概念包括通过避免对核电站和屏障本身的损害来保护屏障。它还包括在这些屏障不能完全有效的情况下保护公众和环境免受损害的进一步措施。”该报告继续指出：“纵深防御原则主要是通过一系列原则上永远不会受到危害的屏障来实施的，在对人或环境造成危害之前，必须依次破坏这些屏障。这些屏障是实体的，提供多层放射性物质的包容。这些屏障可用于运行和安全目的，也可仅用于安全目的。只有在这种多重屏障系统不受危害并且能够按设计运行的情况下，才允许进行功率运行。”

该报告还指出，有一种纵深防御的战略是双重的，“第一，预防事故；第二，如果预防失败后可以限制事故的潜在后果，并防止其演变为更严重的事故”。

它提供了事故预防和减轻事故的定义和标准。

该报告还使用了与 INSAG-10 中相同的五个层次。这也与 INSAG-10 相一致，即“多层次的纵深防御绝不是在一个层次防御缺失的情况下继续运行的理由”。

INSAG-12 比 INSAG-10 更进一步，将五个纵深防御层次与核电站的五种运行状态联系起来，并将其分类为事故预防或事故缓解，具体如下：

事故预防

- 层次 1（防止异常运行和故障），正常运行。
- 层次 2（异常运行控制和故障检测），预期的运行事件。
- 层次 3（控制事故在假想的设计基准事故之下），设计基准和复杂的运行状态。

事故缓解

- 层次 4（控制严重的电站工况，包括阻止事故进程，缓解严重事故后果，包括包容的保护），超出设计基准的严重事故。
- 层次 5（减轻放射性物质大量释放的辐射后果），严重事故后的情景。

7.2.4 IAEA SRS-46，2005 年

2005 年，国际原子能机构在系列安全报告中发表了一份关于对核电站的纵深防御评估的报告。该报告描述了一种评估现有核电站纵深防御能力的方法，包括其设计特征和为确保安全而采取的运行措施。系统地确定核电厂的选址、设计、建设和运行所需的安全规定，为评估核电厂纵深防御的全面性和质量提供了基础。

对于五个防御层次中的每个层次的给定目标，识别了一组挑战，并确定了导致这些挑战的几个根本机制。最后，在可能的范围内，提供了一份有助于防止这些机制发生的完整安全措施清单。规定的覆盖范围广，包括固有安全特性、设备、程序、人员可用性、员工培训和安全文化方面。为了更容易和更友好的用户适用性，该方法以所谓的“目标树”的形式进行说明。

7.2.5 IAEA SF-1，2006 年

基本安全原则（IAEA SF-1）建立了安全目标、安全原则和概念，为原子能机构的

安全标准及其安全相关项目提供了基础。该标准提供了 10 项安全原则。原则 8“预防事故”没有使用“纵深防御”一词，原则中定义了“纵深防御”的概念：“必须尽一切实际努力预防和减轻核或辐射事故。”

标准规定：

“设施和活动产生的最有害后果是对核反应堆堆芯、核链式反应、放射源或其他辐射源失去控制。因此，为了确保发生具有有害后果的事故的可能性极低，必须采取以下措施：

— 防止发生故障或可能会导致这种失控的异常情况（包括违反安全规定）。

— 防止任何此类故障或异常情况的升级。

— 防止放射源或其他辐射源丢失和失去控制。”

“预防和减轻事故后果的主要手段是‘纵深防御’。纵深防御主要是通过若干连续和独立的防护层次的结合来实施的，只有在这些保护失效的情况下，才会对人或环境造成有害影响。如果有一个层次的保护或屏障失效，则将提供后续的层次或屏障。如果应用适当，纵深防御将确保任何单一的技术、人类或组织的失效都不可能导致有害影响，而且可能导致重大有害影响的失效组合的可能性非常低。不同层次防御的独立有效性是纵深防御的必要要素。”

“纵深防御由以下几个方面的适当组合提供：

— 提供设施的安全裕量的特性，一个具有有效的安全管理承诺和强大安全文化的管理系统。

— 适当的选址和与良好的设计和工程结合。

— 多样性和冗余性，主要通过使用：

  ○ 高质量、高可靠性的设计、技术和材料；

  ○ 控制、限制和保护系统和监测功能；

  ○ 固有安全和专设安全设施的适当组合。

— 综合的运行程序和实践以及事故管理程序。”

“必须事先制定事故管理程序，以提供在失去控制时重新控制核反应堆堆芯、核链式反应或其他辐射源的手段，并减轻任何有害后果。”

7.2.6 IAEA TECDOC-1570，2007 年

IAEA TECDOC-1570《技术中立的新型反应堆设计安全方法的建议》，提供了一种技术中立的安全方法来指导革新反应堆的设计、安全评估和许可。作为该方法的一部分，提出了三个“主要支柱”，其中之一是包括概率考虑的纵深防御。该文件指出：

“提议的新支柱，包括定量安全目标、基本安全功能和在每个纵深防御层次上要实现的定量目标（以及概率考虑）。”

该文件在五个纵深防御层次引用了 INSAG-10，然而，它也提供了在实施纵深防御过程中需要考虑的安全目标。定量安全目标通过频率-后果曲线与纵深防御的每个层次相关（后果是可接受频率的各种事故）。例如，正常运行事件只发生在纵深防御的第一层次内，并且不会产生任何后果，因为这个层次的目的是防止偏离正常运行和防止系统故障。第二层次纵深防御，通过检测和预防偏离正常运行状态的偏差，确保了超过 10^{-2}/年频率的事件（即预计运行事件）的后果在第二层次防御的成功标准之内。对其余三个层次也采用了类似的方法。

“最终目标是，任何可信的事故序列，即使考虑到不同纵深防御层次的防线的故障，也应保持在总体频率-后果曲线之下。”

IAEA TECDOC-1570 还引入了一条保护线（LOP）的概念。在文件中确定了每个安全功能和每个纵深防御层次的 LOP。

“这是对有可能损害基本安全功能的特定机制或事件的有效防御。”它用于任何一套固有特性、设备、系统（能动或非能动）等，这是核电厂安全架构的一部分，其目标是完成实现给定安全功能所需的任务。对于一个给定的事件，以及针对一个给定的安全功能，LOP 提供了成功实现单个防御层次目标的实际手段。”

7.2.7 IAEA NP-T-2.2，2009 年

该报告的目标部分指出，它是针对不同类别的利益相关者，包括革新小型模块化反应堆（SMR）的设计人员和潜在用户，以及在成员国原子能委员会负责实施近期、中期和长期的核能发展项目或评估核能部署的官员。该报告的总体目标是：

“①协助小型革新反应堆的开发人员在该反应堆的安全设计概念中纳入固有的和非能动安全特性和非能动系统，确定消除始发事件/预防事故后果的纵深防御方法；②协助

小型革新反应堆的潜在用户评估具有固有和非能动安全设计特征的小型反应堆的整体技术潜力，包括其在安全以外的领域可能产生的影响。”

该报告的具体目标是：

“展示用于在压水堆、重水堆、高温气冷堆、钠冷和铅冷快堆以及 SMR 范围内的非常规设计方法的最新进展。”

“强调因实施固有和非能动安全设计特征而产生安全以外领域的优势和负面影响。”

“确定先进反应堆中非能动安全系统的性能可靠性评估问题，并强调由此产生的进一步研究和开发需求。”

7.2.8 IAEA SSR-2/1，2012 年

IAEA 安全标准《核电厂安全：设计安全要求》（SSR-2/1）规定：

“核电站构筑物、系统和部件的设计要求，以及对安全重要的程序和组织流程，需要满足安全运行、防止可能危及安全的事件或减轻这些事件发生的后果。”

SSR-2/1 阐述了一个纵深防御的概念。它指出：

“防止核电站发生事故和减轻事故后果的主要手段是应用纵深防御的概念。这个概念适用于所有与安全相关的活动，无论是与组织、行为或设计相关的活动，以及无论是在满功率、低功率还是各种停堆状态下。这是为了确保所有与安全相关的活动都面对独立的措施层，因此，如果发生故障，它将被探测、补偿或通过适当的措施纠正。在设计和运行中应用纵深防御概念，可以防止预计运行事件和事故，包括设备故障或电厂内人为事件造成的事故，以及源自电厂外的事件的后果。”

“在核电站设计中应用纵深防御概念，提供了若干层次的防御（固有特性、设备和程序），旨在预防辐射对人和环境的有害影响，并确保对有害影响的充分保护，在预防失效时减轻后果。不同层次防御的独立有效性是电厂纵深防御的基本要素，这是通过采取措施避免一个防御层次失效导致其他防御层次失效来实现的。”

讨论了五个层次的防御方法：

“第一层次防御的目的是防止偏离正常运行和安全重要物项的失效。”

“第二层次防御的目的是检测和控制偏离正常运行状态，以防止电厂预计运行事件升级到事故工况。”

“第三层次防御，假定某些预计运行事件的升级或假想的始发事件可能无法控制在先前的水平，并且可能发生事故。”

“第四层次防御是为了减轻由于第三层次防御的失效而造成的事故的后果。”

“第五层次也是最后一层次防御的目的是减轻事故条件可能造成的放射性释放的放射性后果。”

“对核电站实施纵深防御的一个方面是提供一系列有助于限制特定地点的放射性物质的实体屏障的设计，以及能动、非能动和固有安全特性。”

SSR-2/1 的第 7 条（纵深防御的应用）规定“核电站的设计应包括纵深防御。纵深防御层次应在切实可行范围内尽可能独立”。

它还详细说明了该要求的实施情况：

“纵深防御概念应适用于提供若干层次的防御，目的是防止可能对人员和环境造成有害影响的事故的后果，并确保采取适当措施保护人员和环境，并在预防失败的情况下减轻后果。”

“设计应适当考虑到这样一个事实，即使存在多层防御，在一层防御缺失的情况下，也没有继续运行的基础。各层纵深防御应随时可用，如果对特定运行模式放宽要求，应进行论证。”

“设计：

— 应提供多道实体屏障，以防止放射性物质向环境释放。

— 应是保守的，施工应是高质量的，以保证故障和偏离正常运行的情况降至最低，尽可能防止事故发生，并且电站参数的小偏差不会导致陡边效应。

— 应通过固有特性和专设设施来控制设备的性能，从而尽可能减少或排除需要启动安全系统的故障和偏离正常运行。

— 应规定通过安全系统的自动启动来补充对电站的控制，从而保证超出控制系统能力的故障和偏离正常运行的情况可以得到高度可靠的控制，并最大限度地降低在这些故障或偏离正常运行的早期阶段对操作人员采取行动的需要。

— 应提供控制超出安全系统能力的故障和偏离正常运行的情况并尽可能限制其后果的系统、构筑物、部件和程序。

应提供多种手段来确保每项基本安全功能的执行，从而确保屏障的有效性并减轻任何故障或偏离正常运行情况的后果。”

“为确保保持纵深防御的概念，设计应尽可能防止：

（1）对实体屏障完整性的挑战；

（2）一个或多个屏障失效；

（3）一个屏障失效导致另一屏障失效；

（4）运行和维修差错造成有害后果的可能性。”

“设计应尽可能确保，第一层次或最多第二层次防御能够防止在核电站的运行寿期内可能发生的所有故障或偏离正常运行的工况升级为事故工况。”

7.2.9 IAEA INFCIRC 225，2011 年

IAEA《关于核材料和核设施实物保护的核安全建议》（2011 年 1 月第 225 版），将纵深防御确定为基于风险的实物保护系统和措施的基本原则之一。该文件规定：

“国家对实物保护的要求应反映多个保护层次和保护方法的概念（结构、其他技术、人员和组织），必须克服或规避才能实现它的目标。”

“（基本原则一：纵深防御）

3.45 国家对实物保护的要求应以纵深防御的概念为基础。实物保护的概念是要求硬件（安全装置）、程序（包括安保的组织和履行职责）和设施（包括布局）的设计混合。

3.46 探测、延迟和响应这三种实物保护功能应各自使用纵深防御，并采用分级方法，以提供适当的有效保护。

3.47 纵深防御应考虑到实物保护系统和核材料衡算与控制系统抵御内部和外部威胁的能力。”

在这份文件中，纵深防御被定义为“在实物保护被破坏之前必须克服或规避的多层系统与措施的组合”。

7.3 NEA/CNRA/CSNI 联合研讨会（2013 年 6 月）

7.3.1 研讨会总结

2013 年 6 月 5 日，经济合作与发展组织（OECD）/核能署（NEA）/核监管活动委

员会（CNRA）/核设施安全委员会（CSNI）举办了一次纵深防御国际研讨会。出席研讨会的有来自 NEA 成员国和准成员国核监管机构和技术支持组织的高层代表、来自业界的高级代表以及 NEA 和国际原子能机构的高级管理人员。

讨论得出的一个主要结论是，纵深防御的概念仍然是稳固的，其应用是预防和减轻事故的主要手段。纵深防御的理念被认为在应对未知情况、缺陷和失效方面起到重要作用。

其中一个关键讨论点是围绕外部事件的概率安全评价（PSA）的使用。研讨会认为，需要统筹考虑在使用概率方法确保较高概率事件在安全分析中得到适当处理的重要性和支持外部事件频率的数据稀缺性，同时考虑到低频事件可能会逐渐失去其意义。总的结论是：PSA 在外部事件中的应用需要进一步的工作。讨论的一个相关领域是外部事件的相应危害水平，以及应考虑哪些类型的事件。

研讨会得出的主要结论如下：

- 纵深防御的概念仍然有效，但可能需要加强。
- 纵深防御的实施需要进一步的工作，特别是在外部事件方面。
- 额外的指导将有助于协调应用。
- 改进的重点不仅应放在预防事故上，还应放在一旦发生潜在事故时减轻其后果上。

研讨会鼓励 NEA 通过编写介绍纵深防御的最新技术和实施纵深防御的可推荐做法的简明出版物满足其成员和更广泛的国际社会的需要。研讨会的结尾部分还提出了 NEA 在加强对纵深防御的理解和实施方面需要考虑的未来工作领域。

7.3.2 研讨会个人发言的总结

NEA 总干事 Luis Echávarri 先生在研讨会上致开幕词，他就福岛核事故的教训、NEA 在事故后加强安全的活动、NEA 的事故总结报告以及其他重要信息发表了意见。

CNRA 主席 Jean-Christophe Niel 博士讨论了与纵深防御相关的活动、优先事项和挑战、纵深防御的概念和实施、许可证持有者和监管机构的纵深防御责任、纵深防御的预防和缓解、纵深防御的设计和选址等方面，以及 CNRA 认为的前进方向。

下面简要总结了研讨会上各演讲者的发言。

NEA/CNRA/CSNI 联合研讨会摘要

CSNI 主席 Brian Sheron 博士简要介绍了纵深防御和外部事件。他指出，纵深防御已被定义为在发生故障、事故、自然或蓄意引起的事件时，通过采用包括安全裕量在内的连续措施来防止或减轻损害，从而解决不确定性的核管理委员会安全理念的一个要素。

他进一步说明，关键是创建多个独立和冗余的防御层，以补偿潜在的人为和机械故障。这将确保不完全依赖于任何一层防御——无论其多么牢固。随后，他阐述了自己对纵深防御的看法：首先，必须有一个高质量、高可靠性的设计。其次，必须认识到，尽管试图通过高度可靠的设计来防止失效，但失效仍然可能发生。出于这个原因，系统的设计是为了应对和缓解失效。最后，需要确定的是，由于不可能识别出所有可能出错之处，我们必须通过例如结构设计裕量和应急准备等领域进行裕量设计，以应对不可预见的情况。

他指出，实施纵深防御设计方法的一个困难是，预防和缓解之间的适当平衡没有明确界定。持照者可以证明仅通过提供预防措施就已实现美国的替代安全目标。同样，人们也可以设想仅通过缓解措施就能满足替代安全目标的能力。在纵深防御方面，最大的困难之一是决定什么是预防和缓解之间的正确平衡。他觉得纵深防御另一个难以处理的方面是经济性。所以第二个问题是“如果及时疏散等措施证明达到了（公众健康）安全目标，那么应该如何处理经济性？”

他表示，这是他认为仍需讨论的两个重要的问题。此外，他还指出，在世界范围内，核电站的改进已经将内部事件的风险降低到与外部事件相当或更低的风险水平。考虑到这一点，美国正在研究纵深防御是否足以应对外部事件。他认为，由于福岛第一核电站事故，到目前为止没有迹象表明纵深防御的概念有缺陷，但核工业和监管机构需要更加仔细地审视是否有足够的纵深防御来应对外部事件。反过来，这也意味着我们还需要更加认真地审视和理解外部事件的大小和可能性，以及与之相关的不确定性。

Sheron 博士在演讲结束时简要介绍了 CSNI 所开展的与外部事件相关的活动，其中一些事件是福岛第一核电站事故的直接结果。

应急和恢复计划与管理：最后的纵深防御屏障

辐射防护委员会及公共卫生局的 Thierry Schneider 博士谈到纵深防御应急管理问题，例如：

- 认为沟通是重要的，但也带来了问题，需要加以改进。
- 对进厂产品有监控策略，但没有通用的方法。
- 开展早期、不确定的事故情景的技术评估对决策很重要。

他指出了以下纵深防御恢复管理问题：

- 在全国范围内，对恢复计划的关注远低于对应急计划的关注。
- 返回撤离区域被视为需要预先确定的第一准则。
- 有必要澄清利益相关方发起的自助行动与政府当局和辐射防护专家提供的支持活动之间的关系，并弥合二者之间的差距。
- 调查答复认为，利益相关方参与灾后恢复有助于国家或地区决策。
- 大部分临时援助似乎侧重于向受灾居民提供信息，但沟通和对话仍然是各国政府面临的问题。

NEA/CNRA/CSNI 联合研讨会摘要

前美国核管理委员会运行执行主管 Bill Borchardt 先生表示，虽然承认纵深防御对安全的积极贡献是适当的，但我们也必须承认，它的实施并未能阻止所有严重事件的发生。他指出，我们需要纵深防御，因为我们的知识不完善，严重事件的后果可能非常大，失效确实会发生，所有人类活动本质上都是不完美的。他认为，纵深防御还需要质疑的态度、抵制自满、持续学习——简言之，就是浓厚的安全文化。

Borchardt 先生简要地回顾了纵深防御的历史，并指出，在过去的几十年里，纵深防御的范围、界限和重要性不断扩大，以至于今天它涉及技术的各个方面。他呼应了前面发言者提到的纵深防御的部分特点。他指出，从重大事件中吸取的教训倾向于根据具体事件而增加详细的设计和运行要求，然而，这些改进并没有降低纵深防御理念的重要性。要做好任何缺陷和未知、意外的人类活动的准备，纵深防御仍然至关重要。他认为，正如运行经验所表明的那样，纵深防御的必要性仍然至关重要。他指出，福岛核事故强化了这种认识，即我们必须做好防范低概率/严重后果事件的准备，对于此类事件，即使几十年的经验也无法让我们做好准备。

他指出，纵深防御的理念在过去几十年里一直保持得很好。美国三哩岛核事故和"9·11"事件表明，该理念仍然是合理的。然而，由于这些事件和其他事件，美国不得不对纵深防御的实施给予额外思考并选择扩展，以保持其可靠性和应对之前未考虑和充分解决的挑战的能力。他表示，他相信纵深防御的理念仍然是稳固的，福岛核事故是纵深防御最近遇到的重大“考验”，也提供了进一步完善纵深防御实施方法的机会。

他评论说，福岛核事故是一个极端的、超设计基准事件——正是纵深防御所要解决的那种不确定性。这次事故不仅突出了多层防御的重要性，而且也提出了在实施纵深防御时需要考虑的一些新技术挑战：极端自然事件、维持乏燃料池冷却能力、失去厂外电源等。

最后，他提出了一些观点，供大家进一步讨论：

● 首先，我们是否需要在纵深防御方法中调整预防和缓解特征之间的平衡？

● 其次，这是一个机会，反思有效的安全文化的重要性，以及监管机构和核工作人员的质疑态度，这对确保纵深防御至关重要。

● 最后，与安全文化相关，如三哩岛核事故，我们需要密切关注设施现场运行人员的作用。他们是否拥有独立的权力、经验、培训和其他必要的资源，以履行其在纵深防御中预防事故并减轻其场内和场外影响的重要作用？

新核电站设计的纵深防御

西欧核监管机构协会（WENRA）主席 Hans Wanner 博士首先介绍了 WENRA 的基本信息，包括成员和观察员、政策声明、专项组和反应堆协调专项组（RHWG）的任务。然后，他详细介绍了 WENRA 关于加强纵深防御和新核电站安全目标的想法，这些想法要求在设计中考虑堆芯熔化事故，其摘要说明见表 7-1。

表 7-1 新核电站设计的纵深防御

<table>
<tr><th>纵深防御层次</th><th>相关电站工况分类</th><th>目标</th><th>基本手段</th><th>放射性后果</th></tr>
<tr><td>1 层</td><td>正常运行</td><td>防止异常运行和故障</td><td>保守的设计和高质量的施工和运行，将主要电站参数控制在规定的范围内</td><td rowspan="2">排放的法定运行限值</td></tr>
<tr><td>2 层</td><td>预计运行事件</td><td>异常运行和失效的控制</td><td>控制和限制系统及其他监测设施</td></tr>
<tr><td rowspan="2">3 层</td><td>纵深防御层次 3.a 假想的单一始发事件</td><td rowspan="2">控制事故，限制放射性物质释放，防止升级到堆芯熔化状态</td><td>反应堆保护系统，安全系统，事故处理程序</td><td rowspan="2">无场外辐射影响或仅有轻微辐射影响</td></tr>
<tr><td>纵深防御层次 3.b 假想的多重失效事件</td><td>附加安全功能，事故处理程序</td></tr>
</table>

纵深防御层次	相关电站工况分类	目标	基本手段	放射性后果
4 层	假想的堆芯熔化事故（短期和长期）	控制堆芯熔化事故，以限制场外释放	用于减轻堆芯熔化的补充安全设施，堆芯熔化事故（严重的事故）的处理	防护措施在面积和时间上有限
5 层		缓解放射性物质大量释放的辐射后果	场外应急响应干预水平	需要采取防护措施的场外辐射影响

韩国最近的监管挑战：纵深防御观点

韩国核安全研究院院长 Youn Won Park 博士介绍了 2011 年和 2012 年发现的安全问题、如何从纵深防御的角度解决这些问题，以及从纵深防御的角度来看有哪些监管挑战；如何确保必要的防御层的问题；如何确定纵深防御层的优先级；以及如何知道纵深防御的效果。

纵深防御——预防、缓解和应急准备

韩国核安全研究院副运行执行主管 Glenn Tracy 先生谈到了纵深防御的预防、缓解和应急准备。他指出了如何处理纵深防御：

- 通过设计、制造、建造、运行和维护的质量来解决事件频率问题。
- 通过高质量的冗余安全系统和训练有素的操作人员来解决预防问题。
- 通过反应堆设计中的选址、加固的安全壳和严重事故设施来缓解后果。
- 通过应急计划、选址和应急响应来解决应急准备。

Tracy 先生谈到了在纵深防御方法中保持平衡的必要性。虽然早期的纵深防御方法更多地侧重防止堆芯损坏，但福岛核事故后强调的是一种平衡。他指出，美国核管理委员会近期实施计划建议侧重纵深防御：

- 加强纵深防御和风险评估的作用，强调超设计基准和严重事故缓解。
- 风险指引型纵深防御框架，包括各种设计要求。
- 围绕纵深防御概念建立合理决策，其中在纵深防御的各层次（即预防、缓解和应急准备）对执行其安全功能的完整性和有效性进行严格评估。

他还讨论了关于当前数字化仪控系统的纵深防御挑战，并预测了未来发展趋势：对于美国正在运行的反应堆，发生福岛核事故后将要求增强应对地震、洪水和全厂断电的能力；对于新型和先进反应堆，有机会在福岛核事故后问题和其他问题设计中加强纵深防御。

福岛核事故后的 WANO 行动，WANO 如何改进纵深防御？

世界核电运营者协会（WANO）主席 Jacques Regaldo 先生介绍了 WANO 组织及其使命，讨论了福岛核事故后纵深防御的强化、核安全中的一些文化障碍，并指出，WANO 将坚定致力于加强纵深防御，并以此恢复公众信任。

对外部事件实施纵深防御概念

NRA 委员 Toyoshi Fuketa 博士谈到了从福岛核事故中发现的薄弱环节：针对海啸的设计措施不足，缺乏有效的事故管理，以及针对远超假定设计条件的事故采取的措施不足。

在演讲中，他强调了：①针对外部事件（防止异常运行和故障）的第一纵深防御层次的重要性；②日本应对外部事件的一般方法；③如何根据核电站的特定特征确定设计基准灾害的裕量；④特定 SSC 的设计要求和安全分级；⑤考虑纵深防御后期（缓解）阶段外部事件的影响。

加强法国核电站对外部事件的纵深防御

IRSN 总干事 Jacques Repussard 博士指出，三哩岛核事故发生后，法国增加了两层纵深防御（第 4 层和第 5 层），并对现有核电站采取了限制堆芯熔化事故后果的设计措施。他探讨了福岛核事故前后纵深防御实施的差异和对外部事件的考虑，从而改进了福岛核事故后的纵深防御。

俄罗斯在切尔诺贝利核事故和福岛核事故后改进安全的努力

俄罗斯科学院核安全研究所总干事 Leonid Bolshov 博士谈到了切尔诺贝利核事故和福岛核事故后的努力，使得俄罗斯对严重事故的态度发生了变化。关于纵深防御，他提到了俄罗斯对运行中的每台发电机组进行的纵深防御效能检验，其中考虑了对特定厂址核电站的所有可信的极端影响，并考虑了这些极端影响的各种组合。

法国核安全局（ASN）关于纵深防御观点

ASN 总裁 Pierre Frank Chevet 先生详细介绍了法国对新反应堆的要求：明确要求在原始设计中解决上一代反应堆经常“超出设计”的问题（多重故障事件、堆芯熔化事故）。他强调了确保纵深防御层次独立性的措施和福岛核事故后纵深防御的演变。

7.4 DiD-PSA：纵深防御与 PSA 评估框架的开发

在 SSM 2015：04 中，作者 Per Hellström 介绍了一个调查如何以及在多大程度上，概率安全评价（PSA）（在美国通常称为概率风险评价，PRA）可用于评估和改进核电站纵深防御的项目。在报告（和研究项目）中，提出了 IAEA INSAG-12 中的纵深防御概念，该概念源于 IAEA INSAG-3：

“所有安全活动，无论是组织的、行为的还是与设备相关的，都受到层层重叠措施的约束，因此，如果发生故障，将得到补偿或纠正，而不会对个人或公众造成伤害。这种多层次保护的理念是纵深防御的核心特征。”

Hellström 希望将 PSA 中计算的数量与 INSAG-12 和其他 IAEA 出版物中定义的纵深防御的具体层次联系起来。在不同的纵深防御层次中发挥作用的构筑物、系统和部件（SSC）的排名与它们的风险影响有关。所述 IAEA 纵深防御层次如表 7-2 所示。

表 7-2 纵深防御的层次

层次	目标	实现目标的基本手段
1 层	防止异常运行和故障	建造、运行过程中的保守的设计和高质量
2 层	异常运行的控制和故障检测	控制、限制和保护系统及其他监控设施
3 层	控制设计基准事故	专设安全设施和事故程序
4 层	控制严重事故工况，包括阻止事故进程和减轻严重事故的后果	补充措施和事故管理
5 层	放射性物质大量释放的放射性后果缓解	场外应急响应

将纵深防御层次与 PSA 结果联系起来的项目分几个步骤进行。它首先对该方法中应考虑的每个纵深防御层的定性参数进行审视。这包括每个纵深防御层中 PSA 评估可能考虑的 SSC 的识别和构建。报告显示了国际原子能机构纵深防御层次与表 7-3 所示 SSC 之间的联系。

表 7-3　纵深防御概念中各层次的定义

层次	目标	主要措施	作为主要措施的 SSC
1	防止异常运行和故障	可靠的设计和对设计、运行、维护的高质量要求	电站技术安全系统都不属于这一层防御的一部分，这一层防御包括最大限度地减少潜在故障和异常运行情况的妥善设计、要求、制造、维护、调节和试验等。厂址的选择也是该层防御的一部分
2	异常运行控制和故障检测	控制和保护系统以及监测和在役检查	即使在异常运行的情况下也能保证继续运行，并能检测故障的过程控制和监视系统的设计特点。 例如，蒸汽和动力转换系统中的备用容量和备用冗余。 对电站状况的各种监测和最大限度地降低故障升级为事故状况的风险的保护措施及电站紧急停堆所需的保护措施，最大限度地降低设备不可用可能性的保护措施
3	控制设计基准事故	技术安全功能以及应急运行规程	安全功能：例如，反应性控制、一回路水装量控制和技术安全系统提供的余热排出，包括其监控和启动及相关程序和操纵员操作
4	对电站恶劣条件的控制，包括阻止事故进程和减轻严重事故后果	准备的专设设施和有效的事故管理	安全功能：例如，技术安全系统提供的安全壳完整性控制、安全壳内大气控制、安全壳释放和过滤控制，包括其监控和启动以及相关程序和操纵员操作
5	减轻放射性物质大量释放的后果	与主管当局有效合作，以保护公众和环境	用于监测进展的电站系统为决策提供输入信息，例如，警报和疏散。场址的选择对于这一纵深防御层次非常重要

在下一步中，对 PSA 属性（使用的输入数据和由 PSA 计算或可以计算的结果）进行审查，并尝试将它们与不同的纵深防御层次联系起来。

Hellström 得出的结论是，如上文所述，至少前两个 IAEA 纵深防御层次不适合通过当前 PSA 计算结果进行评估。

在提供了对纵深防御层次的几种解释之后，Hellström 提出了纵深防御层次 1 和层次 2 的详细模型，从而得出如表 7-4 所示的详细的纵深防御级层次定义。特别是，Hellström 将纵深防御的第 1 层和第 2 层划分为 1.1 层和 1.2 层，以及 2.1 层和 2.2 层，以便将失效预防与失效检测分开。利用这个方案，Hellström 提出了一个序列纵深防御示意图。

表 7-4　扩展的纵深防御层次定义

纵深防御层次	描述	举例
1.1	在设计、制造、安装、冗余使用、故障安全原则等方面的质量保证，确保系统的高可靠性和可用性	在设计中使用特定的安全完整性等级（SIL），经过验证的设计等
2.1	监测和监视 SSC 的状况，以便在降级和故障达到临界状态之前，即在其影响后续纵深防御层之前检测到降级和故障	可以识别设备故障的任何迹象（前兆）的连续监测或定期测试振动、温度、裂纹扩展等的系统
1.2	核电站配套设施系统，其他运行系统。失效意味着需要纵深防御 2.2 来避免停堆	失去厂外电源，给水泵故障
2.2	用于检测和控制由电站配套系统及其他运行系统故障引起的干扰，使电站能够继续运行的系统。也包括妥善的热工水力设计	监测给水流量，备用给水泵，异常运行卸压阀，厂用汽轮机运行设备。 降低功率能力，例如，建立在热工水力和核物理行为上的部分紧急停堆
3	防止燃料（堆芯）损坏的安全功能；反应性控制、水位控制、压力控制和余热排出。设计基准范围内事故的控制	堆芯喷淋、辅助给水、低压注射、高压注射、安全卸压阀、紧急停堆系统等
4	减轻因燃料损坏而可能发生的泄漏的安全功能。超过一定级别的释放是超设计基准事故（BDBA）	技术系统，主要涉及安全壳——喷淋系统、过滤器、安全壳设计
5	限制公众暴露于 BDBA 引起的任何释放物的应急措施	场址、应急计划和准备、警报系统、碘片、疏散路线等

通过这些详细的纵深防御层次定义，Hellström 建议可以扩展 PSA 建模，以提供与所有纵深防御层次的联系。他指出，纵深防御的第 3 层和第 4 层已经与 PSA 模型和结果有很强的联系。他接着指出，为了区分纵深防御层次 1.2 和 2.2，并说明纵深防御层次 5，需要扩展 PSA 建模，这反过来又要求在 PSA 框架中建立新的定义。对纵深防御层次 1.2 和 2.2 的缺陷相关的根本原因（纵深防御层次 1.1 和 2.1）进行进一步的数据分析，可以更好地理解这些纵深防御层次在防止干扰和故障方面的弱点和优势。作为纵深防御层次 2.2 的一部分的实际控制和保护系统的额外建模，也提供了更好的评估这种纵深防御层次的方法。这里的关键系统是电站配套设施系统和电源控制及供电系统。

他指出，其他需要的额外建模活动与新的“顶”事件的量化以及作为不同防御纵深层次一部分的 SSC 的重要性度量的计算有关。

Hellström 还指出，对现有电站优势进行调查的关键是同意不可能制定某个纵深防御层次优势的汇总值。相反，纵深防御层次的优势总是要根据具体事件来制定。该事件反过来可以传播到希望被证明具有更低频率的新的可测量终态。

7.5 福岛第一核电站事故的经验教训，2016 年

《在核电站实施纵深防御：从福岛第一核电站事故中吸取的教训》手册提供了对福岛第一核电站事故后监管机构和应急管理当局实施纵深防御的见解，旨在通过提供以下方面的指导以加强全球协调。

“纵深防御概念的背景；在切实可行的范围内，不同纵深防御层次的安全措施之间独立有效的需要；”

“更加重视加强各层次预防和缓解的需要；

确保共因和共模故障，特别是外部事件共同作用，不会导致破坏几个纵深防御层次的安全措施至关重要；

‘实际消除’可导致重大放射性释放事故序列的理念；

对新的和现有的反应堆、多机组电站和其他核设施实施纵深防御；

通过监管活动实施纵深防御（基于对 CNRA 成员的调查）；

第 5 层纵深防御理念中的防护措施——场外应急安排。”

该手册指出：

“……描述了纵深防御理念的基础，以及它是如何根据事故的教训得到进一步发展的……”

“……解决了 NEA 研讨会和 CNRA 确定的主要一般性问题，这些问题是在监管背景下进一步研究和澄清的主要关注点，例如：

- 纵深防御层次的结构……
- 纵深防御的实施……包括：
  - 独立性；
  - 共因和共模威胁的影响（包括外部事件）；
  - 人为因素和组织因素；
  - 实际消除大规模放射性释放；

○ 新建和运行反应堆的考虑;

○ 多机组电站;

○ 其他核设施的纵深防御;

○ 纵深防御监管要求的执行，包括调查结果。

— 场外应急安排……”

“……为监管机构提供了事故后纵深防御使用的全面讨论，并得出结论，NEA 的进一步研究将有助于加强实施。”

该手册第 2 章讨论了纵深防御的概念。它以 INSAG-10 的原则为基础。在讨论这一概念时提供了以下意见：

- 纵深防御的监管考虑：从福岛第一核电站事故中吸取的教训。
- 完整的纵深防御。

关于监管方面的考虑，更重要的意见是：

“因此，对监管机构来说，有一个明确的信息，加强密切关注电站的设计和运行或厂址的基础，以及这一基础审查——特别是对于外部危害和事件——以确保各个纵深防御层次的安全功能具有充分、独立的有效性。”

“……福岛第一核电站事故对监管机构提出了确保设计人员和安全评估人员使用的设计基准事故和设计扩展要求涵盖确保 INSAG 第 3 层和第 4 层安全措施的独立有效性所需的要求。”

“对于 INSAG 第 4 层，监管机构可以要求分析方法和边界条件，或设计和安全评估规则，都是根据一种分级的方法，基于概率见解，并使用最佳估计方法开发的。如果有适当的理由，可以采用比 INSAG 第 3 层更宽松的分析规则和设备性能要求。”

“……在执行 INSAG 第 5 层方面……表明，无论其他层次得到多少加强，非常罕见的严重事件场景实际上已被消除，有效的应急安排和其他响应行动仍然是纵深防御理念的重要组成部分。它们须在特定的事故情况下发挥有效作用。”

关于完整的纵深防御，更重要的意见是：

“纵深防御作为一个概念不仅与反应堆设计及其评估有关，而且涵盖了可能影响核电站安全的所有其他方面。特别是，在纵深防御的综合实施方法中，必须将人员和组织因素视为各层安全措施的一部分。”

该手册第 3 章阐述了监管机构关注的领域，具体来说包括：

- 实施的一般要素。
- 纵深防御各层次的独立性。
- 共因和共模故障。
- 实际消除大规模放射性释放。

关于实施的一般要素，该手册指出：

“纵深防御的实施主要是通过一系列独立有效的连续防护层次的结合来实施，只有这些防护层失效才会导致人员或环境受到有害影响。可用于促进纵深防御的设计原则包括冗余、多样性、分离性、实体隔离、列/通道独立性、单点失效保护，以及尽可能实际的各层次之间的独立性。它的实施方式应确保每个层次都能有效地实现其特定目标。”

“为了最大限度地提高纵深防御的使用有效性，它必须成为早期设计过程的一部分，并采用一致、有效的方式实施……这种早期使用的重要性的一个例证是，它在进行系统和部件的安全分级时至关重要。如果在没有参考纵深防御的情况下进行分级和分类，而不是将纵深防御作为分级和分类的一个推动因素，后续分析可能发现纵深防御各层安全措施的独立性已经被破坏，可能会在设计中引入共因。”

关于纵深防御各层次的独立性，该手册指出：

“纵深防御各层次的独立性概念适用于所有五个层次。如上所述，各个层次的每个安全措施的独立有效性是电站安全的重要基础。监管机构希望确保在尽可能实际的情况下，一个防御层级（或屏障）的失效不会导致其他层级（或屏障）的失效。”

“独立有效性的基础是充分应用功能隔离、多样性原则和根据威胁对 SSC 进行实体隔离。”

“不同层次的系统和部件可能无法完全独立；然而，其目的应是在切实可行的情况下，确保在不同层次提供的 SSC 对于其旨在预防或减轻的事件是相互独立的。”

“除了保证硬件 SSC 的措施外，监管机构还应该关注在每个纵深防御层次的人因和性能方面，包括核电站运行人员（和相关承包商），实施有效应急行动的能力，特别是对于多机组电站。”

关于共因和共模故障，该手册指出：

“在实施纵深防御时，考虑共因和共模故障的影响至关重要，特别是来自外部危险的影响，因为它们可能导致纵深防御的几个层级的屏障丧失或显著降低独立有效性。”

“应用纵深防御理念和对各个层次的独立性的需求，是识别和解决共因和共模故障的有效方法。”

“……针对纵深防御不同层次安全措施的独立有效性概念，对各种危险、始发事件和故障进行详细分析。这可以为电站的可靠性提供非常有价值的评估。这种分析可以提高安全措施的多样性、隔离和冗余性，并增加对安全设备，特别是仪表和控制装置（I&C）鉴定的关注。特别重要的是，需要确保共用安全支持系统和控制（包括控制中心）在各种情况下的足够可靠性。”

关于实际消除大量放射性物质释放，该手册指出：

“在新核电站的设计中应考虑实际消除大规模放射性物质释放，并可将其同时应用于预防和缓解的相关安全措施。”

“然而，实际消除并不意味着完全消除，也不意味着大规模释放事件是实质不可能的，而是在高置信度的情况下，这类事件已被证明极不可能发生。到目前为止，这对反应堆安全系统意味着什么，人们似乎还没有达成共识。”

“实际消除概念是一种方法，它通过纳入额外的设计特征或更异乎寻常的运行措施，为核设施设定改进的安全目标（或期望）。”

“……实际消除概念应具体解决对安全壳性能的挑战；防止放射性物质释放的最后一道屏障……”

“……具有显著放射性释放的事故工况被认为实际上已被消除：

— 如果实质上不可能发生这种工况；

— 如果可以高置信度地认为这种工况极不可能出现。”

“……目前一些电站主要是通过揭示不同层级防御对相同危害的敏感性（缺乏独立性，设计基准不充分和安全裕量不足，这可能导致共模故障）实施纵深防御。因此，应对 DEC（包括严重事故）的功能不能依赖于可能在前三层纵深防御中失效的设计元素，这一点很重要。”

在该手册第 3 章中对新建和运行中的反应堆实施纵深防御提出了意见：

“对于新建反应堆，要求严格按照国际原子能机构设计要求文件 SSR 2/1 或等效国家标准的规定执行纵深防御。

对于正在运行的反应堆，纵深防御通过持续的监管和定期安全审查（PSR）、电站特定的改进和运行经验反馈等机制加强。”

该手册第 3 章还就多机组电站和其他核设施的纵深防御的考虑提出了意见：

“……对与机组独立性有关的多机组电站的关切。因此，应进行纵深防御评估，以确定每个机组独立运行的能力……”

“对于多机组电站的纵深防御实施，也有一些关键问题需要解决：

— 每个机组在多大程度上应该是自主的？

— 如有共享 SSC，在多机组电站应该允许多大程度的共享？”

“纵深防御概念可以用于核燃料循环设施、研究堆和其他核设施……其中一些可能在设计时就没有这种纵深防御正式应用的优势。不同国家的做法不同，但可能已考虑纵深防御的一些要素（例如实体屏障和技术措施）。”

该手册第 4 章涉及应急安排和事故后的场外管理，具体包括：

- 应急计划的基础。
- 决策。
- 对策。
- 沟通。
- 与恢复阶段的相互关系。
- 主管部门、应急队伍和其他利益相关方的相互关系。

关键信息包括：

“应急准备应基于训练有素的响应系统，具有及时和强大的技术支持，适当的辐射防护程序和对策，以及供国内和国际使用的畅通的通信系统。”

“应明确各个决策者的职务和责任，架构方面必须有效，并适当下放权力，以便能够迅速作出决定……应急安排应包括为建立和终止应对措施而预先制定的明确指导和启动准则，确保过程充分考虑了利益相关方的关切。”

“……事故前计划和事故后场外响应的决策可能比以前在应急计划中考虑的更为复杂。因此，可能有必要更多地考虑实施保护性对策的风险，特别是对易受影响群体的风险。”

“……沟通必须是可理解的、清晰的、尽可能最新的、公开和诚实的，并通过不同的渠道进行沟通，了解社交媒体的可能性和挑战。”

“……应急安排必须考虑到外国政府、海外核监管机构和国际组织的信息需求。”

“……应急安排通常必须包括提供信息的能力：

— 以英语提供；

— 实时提供；

— 涵盖范围涉及政府决策的内容，包括理由和判断。”

“作为预先计划阶段的一部分，需要制定恢复方法，并且必须包括基于信任关系的大量利益相关者的投入和参与。”

“……有效的沟通，以促进各级之间的共同和适当的理解和平衡，注意在某些情况下，术语的使用方式不同。”

该手册第 5 章给出了一些关键结论，包括：

“对该事故的审议导致了纵深防御实施方面的进一步工作，特别是：

— 在实际可行的范围内，加强不同纵深防御层级安全措施独立有效性的要求；

— 强调确保共因和共模故障，特别是与外部事件共同作用，不会导致破坏若干纵深防御层次安全措施的重要性；

— 说明需要更加重视加强各层次，特别是第 4 层的预防和缓解；

— 采用实际消除导致大规模放射性释放的事故序列的理念；

— 强调评估人力和组织因素对纵深防御的影响的重要性；

— 提供与第 5 层措施（应急安排）相关问题的有用见解，特别是长期和多机组核事故，注意到所涉及的主管部门和参与者通常是不同的。”

“……进一步开展工作可能有益的领域，例如：

— 人为因素和组织因素对纵深防御的影响；

— 在新反应堆设计、多机组电站、燃料循环设施和研究堆中使用纵深防御理念的改进；

— 实施第 5 层纵深防御的安排；

— 通过培训、研讨会和其他方式，对纵深防御应用的监管进行对标和进一步协调；

— 新技术的影响。”

8

其他机构对纵深防御的看法

2015 年 8 月 26—27 日，核管理研究办公室（RES）举办了一次机构间关于纵深防御的研讨会。研讨会的目的是获取其他美国机构关于如何在其他机构负责活动的安全和安保方面使用纵深防御的见解。包括与各机构就如何看待纵深防御交换信息，并获得关于纵深防御的需求和目标、纵深防御的定义和范围、纵深防御的实施方法和挑战、纵深防御的充分性或适当性指南，以及风险分析与纵深防御关系的见解。

参加研讨会的机构包括美国核管理委员会、美国国家航空航天局（NASA）、联邦航空管理局（FAA）、能源部（DOE）、海军核推进计划、国土安全部（DHS）、内政部（DOI）（安全与环境评价局）、陆军工程兵团和加拿大核安全委员会（CNSC）。

8.1 研讨会的主要见解

研讨会的主要见解包括：

- 大多数机构没有正式使用“纵深防御”一词，但许多机构使用了类似的概念，或“韧性”等术语。
- 纵深防御是一种用于确保各机构完成任务的方法，例如，公众安全。
- 纵深防御不是目标，而是用来完成任务的工具。
- 可接受的风险程度取决于机构的任务。
- 纵深防御的实施情况各不相同，取决于各机构的实际任务。
- 纵深防御是通过实施设计、运行和规程要求的组合来实现的。
- 衡量纵深防御的量化风险目标可能难以制定。

- 用于比较目的的相对风险评估比风险的绝对量化更可信。
- 预防和缓解是纵深防御的关键原则，然而，基于机构的使命，恢复（如复原）也可能是纵深防御的一个重要方面。
- 设计、运行和/或规程要求取决于任务的阶段，例如，是从头开始构建（新设计）还是在现有设计的基础上工作。
- 预防和缓解之间的平衡取决于应用。
- 从安保的角度来看，并不总是能消除风险的（例如，即将发生的行为）。

8.2 研讨会开幕致辞

反应堆监管研究办公室前主任 Brian Sheron 博士致开幕词，内容如下。

早上好，欢迎大家来到这个研讨会，感谢大家抽出时间来参加。从与会的不同机构可以看出，你们每个人都同意纵深防御这个话题的重要性。

纵深防御是确保我们监管的行业或我们开展的项目安全运作的所有工作的一个基本要素，无论是与核电站、医疗设备、核废料、宇宙飞船、核潜艇、水坝还是石油钻井平台有关的项目。我们每个人都面临着确保安全与保障的挑战，纵深防御在我们作出的决定中发挥着关键作用。

委员会已要求工作人员就什么是纵深防御提供见解。尽管这个问题可以在概念层面上得到回答，但并不是每个人都同意纵深防御的定义或应该如何实施。例如，纵深防御是否应该同时涉及预防和缓解，如果是，是否有办法确定两者之间的适当平衡是什么？如何确定我们是否有足够的纵深防御；也就是说，多安全才算足够安全？为了响应我们委员会的指令，核管理委员会目前正在编写一份报告，介绍核管理委员会多年来如何解决纵深防御问题。该报告将提供关于以下方面的见解，例如，纵深防御的必要性和目标、定义和范围，纵深防御的实施方法和挑战，纵深防御的充分性或适当性准则，以及风险分析与纵深防御的关系。这项工作的目标是确定在回答我们是否完全理解什么是纵深防御，以及我们是否知道如何以可预测和可理解的方式实施纵深防御的问题时是否需要做进一步的工作。

我们邀请各位参加本次研讨会，是为了听取各位的意见。相信大家在各自感兴趣的领域都有类似的关切和问题，可以相互借鉴。通过我们在本次研讨会上的讨论，希望我们将相互加强对纵深防御以及我们如何更好地将这一理念应用于我们的决策的理解。

从概念上讲，我们对核管理委员会的纵深防御有很好的理解。它被定义为核管理委员会安全理念中的一个要素，用于通过采用包括安全裕量在内的连续措施来解决不确定性，以防止故障或事故的发生，或在故障、事故或自然或蓄意造成的事件发生时减轻损害。因此，在过去的几十年里，纵深防御的范围、界限和重要性不断扩展。我们运用纵深防御原则，首先，通过要求高度可靠、冗余和多样化的系统，在切实可行的范围内排除挑战安全的事件。其次，即使事件发生，我们也使用纵深防御原则来提供减轻事件并防止其导致更严重事故，特别是反应堆堆芯损坏的多样化和冗余的系统。再次，即使发生堆芯损坏，也要确保有办法控制放射性物质。最后，即使无法控制放射性，也要有保护公众的应急计划（这里我指的是疏散计划）。

然而，历史经验告诉我们，即使有了很好的理解，总是有可能，尽管期望非常低，有一些我们没有想到的触发因素可能导致严重事故。我们认识到，即使拥有成熟的核电工业，潜在的安全和安保问题也将继续出现，我们必须对这些问题进行评估，以确保我们继续拥有充分的保护和纵深防御。与此同时，风险分析见解已成为我们决策中越来越重要的因素。风险分析见解加强了我们能够更系统、更彻底地识别出我们可以防范的潜在弱项的工作。但是，在确定我们是否有足够的纵深防御方面，我们面临着一个根本性的挑战。我们委员会发布了一份安全目标政策声明，通过确定商业核电产生的公众风险与其他所有来源的公众风险相比的可接受水平，基本上定义了什么程度的安全才算足够安全。从某种意义上说，这种方法回答了“安全到什么程度才算足够安全”这个问题。然而，它确实依赖于一种量化风险的能力，而风险分析并不是一门精确的科学。此外，核管理委员会也有一个法规，即 10 CFR 50.109，通常被称为“改进规则”（Backfit Rule），它要求核管理委员会工作人员对正在运行的核电站提出的任何新要求都必须在安全性上有实质性的改善，并且要符合成本效益。实施安全目标政策和改进规则对确定何时有足够的纵深防御提出了挑战，因为两者都依赖于定量测量风险的能力。而根据定义，你无法衡量未知事物的风险。这就是确保充分的纵深防御与定量安全目标的挑战。

到目前为止，我已经谈到了关于反应堆电站安全的纵深防御。核管理委员会使命的另一个方面是保护公众健康和安全，使其免受核材料和核废料以及与安保有关的事件的影响。在考虑材料和废物或安保方面的纵深防御时，就像考虑反应堆安全一样，我们面临着同样的挑战。需要纵深防御来帮助确保与材料和废物相关的风险以及来自恶意行为的风险保持在可接受的低水平。然而，我们应该承认，我们根据使用核材料的“设施”的复杂性和事故可能造成的后果，以分层方式应用纵深防御。因此，防御层的数量和相关的保护措施各不相同。

在确定我们是否有足够的纵深防御时，我们面临着许多问题和挑战：

— 我们是否需要在纵深防御方法中调整预防和缓解性能之间的平衡？历史上一直强调预防，以至于有人声称严重事故不太可能发生，我们不需要在缓解领域做更多的工作。最近的经验告诉我们，我们需要更多地考虑低概率但后果严重的事故。所以我们问自己，纵深防御在多大程度上能充分应对低概率但后果严重的事故？我们各自在预防和缓解方面的角色是什么？预防和缓解之间的平衡意味着什么？我们能否量化它们对决策的影响？量化纵深防御的缺点是什么？

— 我们是否能确定有足够的纵深防御，或者这是否是一个持续的探索？风险分析在确定所需的纵深防御和确定其充分性方面发挥了什么作用？

— 纵深防御与安全和安保的关系如何？二者应该单独考虑还是整体考虑？例如，如何处理能够对安全产生不利影响的可能安保措施，反之亦然？

— 纵深防御是否应该针对不同的危害和不同的设施而有所不同？针对不同的危害，实施纵深防御的具体要求是一般的还是更具体的？

— 如何确定每一层纵深防御的安全和安保特性（即设计和运行）？这些原则是否应该跨防御层实施（例如，它们是否可以在每一层单独实施）？例如，多样性是否适用于一层还是各层之间应该有多样性？“没有单一故障”准则是单独适用于每一层还是跨层？

这些只是在考察什么构成纵深防御以及我们如何确定我们有足够的纵深防御时值得讨论的几个问题。我认为，通过分享我们的想法和经验，我们可以形成解决这些重大问题中的许多问题的见解。

我希望在研讨会结束时，我们能够相互学习，甚至就具体的发现达成一致，这些发现可以帮助指导我们未来在各自感兴趣的领域实施有效和高效的纵深防御原则。我非常期待这次研讨会的会议文集。

谢谢。

8.3 研讨会的演讲（发言人）

研讨会上的演讲如下：

- US NRC - Gary Holahan，新反应堆办公室。
- US NRC - Mary Drouin，核管理研究办公室。
- US NRC - Joseph Rivers，核安保和事件响应办公室。
- US NRC - Dennis Damon，核材料安全和保障办公室。
- CNSC - Doug Miller，加拿大核安全委员会监管改进和重大项目管理主任。
- NASA - Stephen Cash，美国国家航空航天局安全和任务保证办公室。
- NASA - Jesse Leitner，美国国家航空航天局安全和任务保证办公室。
- NASA - Homayoon Dezfuli，美国国家航空航天局安全和任务保证办公室。
- US Naval Reactors - Thomas Roberts，海军核动力推进计划。
- FAA - Roberto Ortiz，联邦航空管理局。
- DOI - Michael Else，内政部安全与环境评价局。
- DHS - Michael Norman，国土安全部基础设施信息收集司。
- DOE - Richard Donovan，能源部企业评估办公室。
- DOE - James O’Brien，能源部核安全办公室。
- ACE - Susan Durden，陆军工程兵团。

9

纵深防御历史回顾的考察

本章提供了对涉及纵深防御概念（无论是明确的还是隐含的）起源文献的历史回顾而得出的关于纵深防御的诸多见解。在向读者提供基于提及纵深防御概念（无论是明确的还是隐含的）原文文献的历史回顾而得到的意见（即见解）前，理解这个术语试图表达的内容是很重要的。简而言之，纵深防御要传达的是，在设施的设计和运行阶段纳入了纵深（即全面的、彻底的）防御（例如，防护装置，屏障），以应对与核材料处理相关的危险或威胁。因此，本次对文献的回顾侧重于如何为与核材料使用相关的设计和运行活动提供全面或彻底的防护，这些防护或明确地表示为纵深防御，或隐含地表达了纵深防御的概念。如果至少涉及以下情况之一，则认为隐含表达了该概念：

- 多重屏障的存在。
- 防御层次或层的存在。
- 适当安全裕量的措施。
- 事故预防和缓解能力的措施。
- 确保关键的安全功能不依赖于设计、建造、维护或运行的单一要素。
- 适当的屏障性能规定。
- 确保在有利于保护公众健康和安全的地方开展受监管的活动。

在回顾文献时，提供见解的另一个挑战是术语的不同使用方式，特别是在理解纵深防御观点的异同方面。文献中的术语可能会有很大差异，因此，很难确定观点上的明显差异是真正的差异，还是实际上是使用不同术语的类似观点。因此，为了更好地理解关于纵深防御的陈述、讨论和声明（即观点），根据它们似乎回答了关于纵深防御的几个问题中的哪个问题进行了总结和分组。采用这种方法可以提供观点上的相似性和差异性的意见。

为了帮助对意见进行分类而提出的问题包括：

- 纵深防御的定义是什么？
- 为什么需要纵深防御？也就是说，纵深防御的目的是什么？
- 纵深防御试图达到什么目标？纵深防御的直接目标或最终目标是什么？
- 实现纵深防御目标的方法或框架是什么？
- 实施或执行纵深防御方法所采用的策略或保护措施是什么？
- 如何确定是否有适当的纵深防御？
- 实施用于实现纵深防御目标的方法的措施，背后的原则或基本概念是什么？

在对纵深防御的定义明确了相关意见之后，按照以下方式对后续再提供的相关意见进行分组：

- 美国反应堆的纵深防御。
- 美国非反应堆的纵深防御。
- 美国安保的纵深防御。
- 纵深防御的国际视角。
- 其他美国机构对纵深防御的看法。

在本章结尾处提出了总体意见，这些意见来自反应堆安全、国际社会、安保或其他机构。

9.1 纵深防御的定义

在文献中，尽管纵深防御概念有着悠久的历史，也有很多地方对纵深防御进行了详尽的讨论，而真正对纵深防御概念进行定义的却只有个别几处，也就是说，提供的是一个定义，而不是一个讨论或描述。这些文献包括：

- 核管理委员会术语表。
- 核管理委员会战略计划。
- NUREG-1860。
- 委员会白皮书。
- 关于 10 CFR 50.69 的最终规则的联邦注册公告（FRN）。

- 10 CFR 70.64。

这些定义包括以下内容：

核管理委员会术语表（现行）：防止和减轻释放辐射或有害物质的事故的核设施设计和运行方法。关键是建立多个独立和冗余的防御层，以补偿潜在的人为和机械故障，这样就不会完全依赖任何一层防御，无论其多么坚固。纵深防御包括使用出入控制、实体屏障、冗余和多样化的关键安全功能以及应急响应措施。

核管理委员会战略计划（2008—2013 年）：核管理委员会安全理念的一个要素就是应采用连续的补偿措施来防止核设施事故的发生或在核设施发生故障或事故时减轻其损害造成的影响。核管理委员会的安全理念是确保公众得到充分的保护，确保关于核设施及其周边的应急计划考虑周到，并可切实发挥作用。此外，该理念还要确保安全不完全依赖于核设施的设计、建造、维护或运行的任何单一要素。

NUREG-1860（2007 年）：纵深防御是核管理委员会安全理念的一个要素，用于在核设施发生故障、事故或自然原因引起的事件时，通过采用包括安全裕量在内的连续措施来防止和减轻损害，从而解决安全的不确定性问题。

委员会白皮书（1999 年）：纵深防御是核管理委员会安全理念的一个要素，它采用连续的补偿措施来防止事故或减轻核设施发生故障、事故或自然原因造成的事件时的损害。纵深防御理念确保安全不会完全依赖于核设施的设计、建造、维护或运行的任何单一要素。将纵深防御纳入设计、建造、维护和运行的实际效果是相关设施或系统往往更能承受故障和外部挑战。

关于 10 CFR 50.69 的最终规则的 FRN：纵深防御是核管理委员会安全理念的一个要素，即采用连续措施防止事故或在核设施发生故障、事故或自然造成的事件时减轻损害。纵深防御是核管理委员会用来提供冗余和多重屏障防止裂变产物释放的一种理念。纵深防御的理念确保安全不会完全依赖于核设施的设计、建造、维护或运行的任何单一要素。将纵深防御纳入设计、建造、维护和运行的实际效果是，相关设施或系统往往更能承受故障和外部挑战。

10 CFR 70.64：纵深防御实践是指从设计开始到完成采用的一种设计理念，这一理念基于提供连续的保护层次以保证健康和安全不会完全依赖于设施的设计、建造、维护或运行的任何单一元素。纳入纵深防御实践的净效应是一个保守设计的设施和系统，将对故障和外部挑战表现出更大的承受度。通过完整安全分析的执行获得的对风险的见解可以通过将关注集中在预防和减轻高风险潜在事故上来补充最终设计。

在回顾这些定义时，可以得出以下意见：

- 几乎所有的定义都同意纵深防御应采用“连续措施”，然而，有些在定义连续补偿措施方面是具体的。“补偿性”用于表示每一项后续措施都是为了补偿前一项措施的失效。这个概念确实出现在另一个定义中，但它没有使用“连续补偿措施”，而是将纵深防御定义为“多道防线”。而且，其中两个定义将安全裕量作为连续措施的一部分。
- 所有定义都一致认为纵深防御既包括预防，也包括缓解。有些定义的层次更高，因为它们只规定了对“事故”的预防和缓解，而另一些定义则规定了对设备故障、事故和自然原因引起事件的预防和缓解。
- 除了一种定义外，所有的定义都表明纵深防御是一种理念。
- 略多于一半的定义表明，安全不完全依赖于任何单一元素，纵深防御将确保设施（或系统）对故障的承受度更高。
- 一种定义将冗余作为其定义的一部分。

为了更好地理解纵深防御是如何被表征并整合到核管理委员会的监管架构中，最好将纵深防御与反应堆安全、非反应堆安全和安保的见解分开，并将意见分解为目的、目标、方法、策略等。

9.2 关于美国反应堆纵深防御的意见

本节重点提供回顾与反应堆安全相关的纵深防御的丰富历史而得到的见解。

9.2.1 纵深防御的目的

在回顾有关纵深防御的目的或为什么需要纵深防御的各种资料时，发现以下与反应堆安全有关的陈述：

- 降低风险和不确定性的手段。
- 为补偿我们对事故发生和发展的认识中的不确定性和不完整性而采用措施的集合。
- 为未处理或处理不当的领域提供安全保障。

- 适当的纵深防御是对……不确定性的一种补偿机制。
- 纵深防御措施是指用……降低不确定性。
- 提供解决不确定性的框架。
- 应对不确定性的设计和运行策略。
- 纵深防御是不确定性分析的一种形式。
- 一种考虑到现有……不确定性而确保公众安全的策略。
- 对于具有高度不确定性的事件应当提供必要的纵深防御措施。
- 考虑纵深防御的可能性来弥补不可接受的风险不确定性。
- 解决可预计和不可预计的问题。
- 纵深防御的最终目的是补偿不确定性（例如，由于缺乏新技术和新设计特征的运行经验而产生的不确定性、安全挑战的类型和程度的不确定性）。
- 提交一个能够容忍知识不确定性的设计。
- 弥补发现的对核反应堆运行和潜在事故后果的认识不足。

以上是文献中明确将纵深防御与不确定性联系起来的陈述。然而，在许多地方，纵深防御隐含地与不确定性相关。例如下列陈述：

- 无论设计和执行多么出色，无论质量保证多么全面，都必须承认它们是不完美的。
- 防止意外事件发生的原则。

在整个文献中都发现了这种纵深防御补偿不确定性的主题，认识到我们对核电站构筑物、系统和部件（SSC）的设计或质量的了解是不完善的，也就是所说的不确定的。因此，有必要进行纵深防御，例如，多层防御，不依赖于设计的单一要素等（如以下章节所述）。

人们普遍认为，需要纵深防御来补偿不确定性。这些不确定性可以是关于设施的基本设计和运行的不确定性，关于 SSC 性能的知识和操纵员在各种设施条件下操作的不确定性，关于各种现象的不确定性，关于不利事件如何影响电站的不确定性（例如，事故进程）等。

为了确保风险处于可接受的低水平，必须认识到我们对事件的理解（例如，SSC 的性能、灾害的发生和影响）是不完整的，我们可能缺乏对可能发生的事件的了解。

纵深防御要处理的不确定性既包括可预计的，也包括不可预计的。预计不确定性包括已知或预计可能发生事件［事件可能包括 SSC 在正常或不利条件，例如高温下的性能（如可靠性）；现象的发生及其对 SSC 的影响］，但其特征和影响程度是不确定的而产生的不确定性。例如，可以预测包括火灾在内的事故场景，但是，火灾的程度存在不确定性，火灾对设备的影响也存在不确定性。这些不确定性可以通过基于对场景的保守假设的多样性和保守设计等纵深防御措施来补偿。

不可预计的不确定性包括那些由于缺乏知识而无法预料，因此可能无法在设施的设计或运行中以任何形式直接解决的问题。这些不确定性的补偿更具挑战性，因为它们是意料之外的，但它们已经发生了。例如，在 1979 年的三哩岛核事故中，导致事故的一系列事件组合完全出乎意料：安全阀打开着但仪表显示该阀门关闭，误导了操纵员动作，导致堆芯熔化事故。然而，纵深防御措施包含多重屏障，包括设计一个保守的安全壳，阻止了发生大量放射性物质释放。

9.2.2 纵深防御的目标

如上文所述，人们普遍认为，纵深防御是必要的，来确保反应堆运行的风险处于一个可接受的低水平，尽管其仍有不确定性。下一个问题是，对于纵深防御的目标是否达成一致；也就是说，对于纵深防御要实现的目标是否达成一致。在回顾有关纵深防御目标的各种文献资料时，可以发现以下陈述：

- 一般普遍认为，要使核电站达到足够的安全水平，就需要纵深防御。
- 通过运用纵深防御的理念……可以实现防止人们接触到这种放射性物质……
- （确保）事故发生的概率非常小。
- 通过应用“纵深防御”的设计理念，保护核电站、核电站运行人员以及公众的健康和安全。
- 纵深防御概念与其事故预防和缓解理念相关联。
- 纵深防御方法……确保对公众健康和安全的保障。
- 纵深防御方法……防止事故发生……并减轻其后果。
- 在发生故障、事故或自然事件时防止事故或减轻损害。
- 结合纵深防御……意味着该设施……往往更能承受故障和外部挑战。
- 提高对概率风险评价（PRA）的置信度或其他分析结果的置信度，这些分析结果支持已经达到足够安全性。

- 发生事故的概率必须低到可以接受的程度。
- 识别、预防或缓解事故。
- 提供设计设施以达到可接受的风险。
- 开发或建立一种方法，在预防和缓解之间找到平衡。
- 纵深防御原则表明，该设计提供了事故预防和缓解能力。
- 可以预防和缓解事故的方法。

关于文献中所描述的纵深防御的目标，人们似乎普遍认为，纵深防御的目标是避免或尽量减少对核电站的损害，从而保护公众免受伤害。更重要的是，人们普遍认为避免或尽量减少损害是通过预防和减轻事故来实现的。因此，纵深防御的目标是通过采用有助于预防和减轻事故的保护措施来确保公众免受伤害。

9.2.3 实现纵深防御的方法

在回顾关于实现纵深防御的目的和目标的方法的各种来源时，发现以下内容：

- 展望未来，核动力反应堆许可证审批准则所依据的原则是需要多道防线，防止发生可能从设施中释放裂变产物的事故。
- 三道基本防线……①优良的设计、施工和运行质量；②预防事故的安全系统，以及……③限制后果的安全系统。
- 提供多道屏障，防止放射性物质因任何原因泄漏，并在不损害这些屏障的情况下承受自然力……
- 应该把最关键的重点放在第一道防线上，即设计、建造、调试和运行核电站，使其在正常和异常情况下都能以可靠和可预测的方式运行。
- 主要的防御策略是通过预防事故来实现。
- 有三道防线：①预防事故；②提供保护系统以采取纠正措施；③专设安全设施以减轻假想的严重事故的后果。
- 防止核放射性物质泄漏的多道屏障。
- 三道连续的保护屏障：①防止事件发生（保守设计裕量等）；②发现和终止事件的能力；③保护公众。
- 关键要素是事故预防、安全系统、安全壳、事故管理以及选址和应急计划。
- 强调诸如安全壳、选址在人口较少的地区和应急计划等特征，将其作为与其事故预防和缓解理念相关的纵深防御概念的组成部分。

- 维持多道屏障，防止辐射释放，并通过降低严重事故的可能性和后果实现纵深防御。
- 纵深防御确保将连续措施纳入核设施的设计和运行程序。
- 纵深防御可以被视为在三个“层次”的保护之间提供平衡：防止事故发生，阻止（或限制）事故的进程，以及在意外释放裂变产物时提供撤离。
- 纵深防御是核管理委员会安全理念的一个要素，它采用连续的补偿措施来防止事故或在核设施发生故障、事故或自然原因引起的事件时减轻损害。
- 纵深防御包括对裂变产物的多层防护，例如陶瓷燃料芯块、金属包壳、反应堆容器和管道、安全壳、非居住区、低人口密度区和疏散计划、远离人口中心等。
- 纵深防御应由两部分组成：应在所有情况下提供的基本要素，以及可能因不确定性和可靠性以及风险目标的不同而改变的实施要素。基本要素应以基础概念为基础，确保预防和缓解，并确保预防和缓解之间的平衡，以实现与堆芯损坏频率（CDF）和早期大规模释放频率（LERF）目标一致的总体安全水平。
- 纵深防御理念由四项原则组成：防止事故开始（发生），在事故发展到不可接受的后果之前在早期阶段阻止事故（干预），提供减轻危险介质释放的措施（缓解），以及提供足够的仪表来诊断事故的类型和进展（诊断）。
- 随着时间的推移，纵深防御的定义已经从一套简单的策略发展为一系列更全面的保护公众健康和安全的基石、策略和手段。
- 纵深防御是核管理委员会安全理念的一个组成部分，即采用连续的措施来防止核设施发生事故，或在核设施发生故障、事故或自然原因引起的事件时，减轻损害。纵深防御是核管理委员会用来提供冗余以及防止裂变产物释放的多道屏障方法的一种理念。
- 纵深防御……要求高质量的设计、制造、建造、检查和试验；再加上防止裂变产物释放的多道屏障；加上安全设备的冗余和多样性；加上程序和策略；最后，还应加上应急准备，包括与地方政府的协调、隐蔽、撤离和/或预防性药物的管理（例如，纵深防御药片中的碘片）。
- 纵深防御……可能被认为是需要依次排列的防护屏障或手段，只有在这些屏障被全部破坏的情况下有害物质或危险的能量才可能影响人类或环境……“防御层次”是纵深防御的原则在用于反应堆运行或停堆及冷却的仪表和控制系统配置的具体应用。

关于实现纵深防御的方法，文献中一致认为，纵深防御应当由多层防御组成。这个概念用不同的术语来描述，例如防御层、防线、防御层次、防护屏障、连续措施等。此外，人们还一致认为，防御层通常用于以连续或连贯的方式提供事故保护（首先通过预防，如果预防失效则通过缓解），这样，如果一层失效，下一层则用于缓解前一层的失效，以此类推，以保证只有在所有防御层全部失效的情况下才会发生严重后果。因此，用于实现纵深防御的方法是将多层防御中的一层防御纳入设施的设计和运行中，这些多层防御既用于预防，也用于缓解。

然而，关于这些防御层的构成和层数，文献中存在差异。关于防御层有以下两种截然不同的观点：一种观点认为，多层防御是实际的实体屏障；这种观点是对纵深防御理解的一种早期表征。这些实体屏障通常被认为是燃料元件包壳、反应堆压力容器和安全壳。这种对屏障的看法更侧重于缓解，而不是预防。在后来的观点中，这些防御层在本质上更具有功能性，而不只是局限于实体屏障。这些防御层既涉及预防也涉及缓解，通常包含防止有害事件发生的措施，以及在事件发生时减轻后果的措施。

如上文所述，在防御层的数量上并没有达成一致。它们从两层（预防和缓解）到五层不等：

文献中有一个关于两层结构的建议，其中包括：

（1）防止事故。

（2）限制后果，防止发展到更严重的情况。

这两层似乎更像是原则，而不是具体的防御层。

对于三层结构，文献中有四种不同的建议：

（1）（a）预防事故；

（b）采取纠正行动的保护系统；

（c）用于减轻后果的专设安全设施。

（2）（a）防止事件发生；

（b）发现和终止事件的能力；

（c）保护公众。

（3）（a）防止事故发生的保护措施；

（b）事故发生时的缓解措施；

（c）在发生释放的情况下最大限度地减轻所造成的公众健康后果的应急准备。

（4）（a）设计、建造和运行的高质量；

（b）事故预防安全系统；

（c）限制后果的安全系统。

这四种不同的防御层描述在概念上是相似的，有些只是在确定如何实现防御层方面更具体，而另一些则在需要由防御层完成的内容方面更具功能性。例如：

● 前三个提案都将第一层规定为预防，最后一个提案则更多地规定了如何实现预防。

● 对于第二层，第一个提案与第二个提案的第二层一样，规定了检测和终止事件的能力。在这方面，前两个提案中的第二层是相似的。对于后两个提案，它们对第二层的描述只是简单地陈述了前两个提案试图实现的目标。

● 对于第三层，从每个提案对防御层的四种不同描述中可以看出相似之处。缓解事故后果的专设安全设施和限制后果的安全系统是保护公众的机制，它在概念上类似于假如一旦发生释放的情况下尽量减轻其对公众健康造成的后果的应急准备。

● 这些不同的防御层描述很好地说明了相似的概念，但这些概念之间存在明显的差异。在最后一项提案中，设计、施工和运行中的高质量描述了实现预防的方法或手段，而在其他参考文献中，防御层的定义是功能描述，并没有规定实现功能的手段。对于其中的一些防御层，参考文献中确实包含对如何实现每一个防御层的讨论，而其他文件只是像上文那样定义了防御层。

文献中有两处定义了五层结构：

（1）（a）事故预防；

（b）安全系统；

（c）安全壳；

（d）事故管理；

（e）选址和应急计划。

（2）（a）针对蓄意行为的实物保护；

（b）限制事件发生频率的稳定运行；

（c）消除始发事件的，既可靠又具有预防和缓解功能的保护系统；

（d）确保有足够的屏障防止意外的放射性核素释放的屏障完整性；

（e）在放射性核素穿透屏障的情况下保护公众的保护措施。

对五层防御结构的意见与对三层防御结构的意见相似。然而，对于这五层结构来说，各层都倾向于功能方面的描述，并且这些结构没有提供完成各层的描述性手段。与三层结构一样，不同的提案可能包括也可能不包括如何实现每层结构的讨论。无论是提出三层还是五层，它们都包括预防和缓解。

9.2.4 实施纵深防御的策略

在回顾有关用于实现纵深防御的目的和目标的相关策略的各种来源时，发现以下内容：

- 选择合适的材料、部件制造的质量控制、严格的检查和测试系统、适当的技术和工艺控制。
- 设计对关键部件和系统高标准工程实践的要求。
- 定期安排设备检查和维护计划；对异常事件、失效或故障进行及时彻底的调查和纠正。
- 健全和明确的运行管理原则的要求；有能力强、训练有素的工作人员，职责分工明确，有书面程序，有对程序修订的检查和制衡，定期对运行进行内部审查等。
- 控制和停堆装置的冗余；由独立电源提供的应急电源（有时配备 3 个电源）和应急冷却系统。
- 安全壳厂房、安全壳喷淋和净化系统、安全壳冷却系统，以及内部的过滤-收集系统。
- 实现这一目标的关键是施工质量和质量保证，二者独立共存；必须做好此项工作，然后认真检查，从而将出现错误和缺陷的可能性降到可接受的水平。
- 冗余部件、定期在役检查措施，以及其他提高性能和可靠性的措施。
- 需要广泛和全面的质量保证大纲，用于确保每一道防线的完整性，并保持不同的防线尽可能独立。
- 结构主义模型主张，纵深防御体现在法规的结构和为遵守这些法规而建造的设施的设计中。
- 通过包括设计、建造、监管监督和运行活动在内的要求和流程来提供纵深防御；对于具有高度不确定性并对公众健康和安全产生重大影响的事件，应通过应用确定论设计和运行功能来提供额外的纵深防御。

- 关键的安全功能都不会完全依赖于设计、建造、维护或运行的单一要素（即SSC 或措施）；关键安全功能包括：①反应性控制；②衰变热排出；③防止放射性物质释放的实体屏障的功能。
- 提供了适当的安全裕量。
- 安全壳性能。

文献中发现的各种策略可以分为原则或防护措施（设计、运行或制度措施）。这些原则和防护措施用于实施各层防御。原则与防护措施的区别在于，原则一般定义需要“什么”来确保纵深防御，而防护措施一般确定了用于完成该原则的实际设计或运行功能。

举例说明：

- 原则可以是高度可靠的构筑物、系统和部件，而相关的防护措施可能包括制造、检验和测试中的质量控制，以及对失效或故障的及时彻底的调查和纠正。

在回顾有关原则和防护措施的文献时，得出另外两个意见：

- 文献中讨论的许多原则和防护措施是相似的，如冗余、独立性、多样性、不依赖于单一元素。
- 其中许多原则和防护措施适用于不止一层的防御。

9.2.5 确定纵深防御适当性的准则

大多数文献都没有任何关于确定纵深防御适当性的准则或指南的论述。然而，有一些描述虽然不具体，但确实与纵深防御的适当性有关。

关于确定是否达到适当纵深防御的准则，发现了以下内容：

- 可通过在可行的范围内量化风险见解，使纵深防御要素更加清晰。
- 关于防御要素的适当性或必要性的决定应反映通过识别纵深防御每个要素及其整体性能而获得的风险见解。
- 为了确保事故预防和事故缓解之间的适当平衡，在发生严重堆芯损坏事故时，安全壳失效的平均频率应低于每 100 次严重堆芯损坏事故中发生 1 次安全壳失效。

- 通常情况下，预计不会发生严重堆芯损坏事故……安全壳性能……保证严重的事故……预计不会发生……在保守考虑……不确定性后，预计会达到场外后果的目标。
- 理性主义（纵深防御方法）是：①建立定量验收准则，如定量健康目标、堆芯损坏频率和早期大量放射性释放频率；②使用 PRA 方法对系统进行分析，以确定满足验收准则；③评估分析中的不确定性，特别是由于模型不完备而导致的不确定性，并确定应采取哪些措施来补偿这些不确定性。
- 如果电站系统和屏障之间的整体冗余和多样性足以确保满足所述的风险接受准则，纵深防御就是适当的。
- 通过使用 PRA 来评估不确定性的可接受性，并使用已识别的选项（如增加性能监测）来确定不确定性的可接受性或完善设计。

确定纵深防御是否适当的各种建议都将风险作为主要准则。各种指南提出，应量化评价各要素（例如，防御层），对每个防御系统进行风险评价（例如，安全措施），补偿措施可以分级以降低风险，任何序列（假设所有防御层都已失效）保持在频率-后果曲线下，冗余和多样性足以确保满足风险准则，并通过使用 PRA 的流程评估纵深防御的适当性。

9.3 关于非反应堆纵深防御的意见

关于非反应堆（设施和活动）纵深防御的文献没有反应堆那么多。虽然有一些来源提供了关于纵深防御的目的、目标、方法和策略的讨论，但大多数信息都是在与纵深防御相关的法规中找到的。在下面各节中，通过查看有关纵深防御的法规和特定来源从而得出各种意见。

9.3.1 纵深防御的目的和目标

如前文所述，关于非反应堆应用的纵深防御的文献比反应堆应用的文献要少得多。因此，要足够精细地分析可用的来源以区分与目的相关的陈述和与目标相关的内容就显得难度更大。下面的内容涉及纵深防御的目的或目标中的一个，或两者都涉及。

- 对运输、贮存、加工和制造的纵深防御的处理应与反应堆的类似。

- 工业和医疗应用可采用最低的纵深防御。
- 保护公众和环境免受高放废物（HLW）处置库影响的纵深防御既是一个技术问题，也是一个政策问题。
- 考虑到风险评估中无法量化的不确定性，纵深防御主要作为确保公众安全的一项策略。
- 处置库的概念应该更多地在高度不确定性情况下保护资源……
- 涉及系统的特点：①不依赖于系统的任何单一要素；②能应对各种挑战。
- 确保如果任一部件故障，系统其余部件会进行弥补，因此后果不是不可接受的。
- 可用于应对与安全系统性能有关的剩余不确定性。
- 对纵深防御的需求取决于剩余不确定性的程度和危害的程度（即后果）。
- 防止对任何一种安全特性的过度依赖。
- 美国核管理委员会安全理念的一个要素，即采用连续的补偿措施来防止事故，或在发生故障、事故或自然原因引起的事件时减轻损害。
- 纵深防御和安全裕量都是用于解决不确定性对安全设计和性能的影响的概念。
- 必要时提供多道防线，以应对不确定性。
- 法规确保设备故障产生的风险处于可接受的较低水平。
- 由于许可材料的用途广泛，在核管理委员会内部或这些持照者之间对“风险指引”“基于性能”和“纵深防御”等术语没有统一的理解。
- 在有利于保护公众健康和安全的地区开展受管制的活动。
- 法规体现冗余和多样性。
- 纵深防御在面对巨大不确定性的情况下，为制定复杂设施的监管决策提供了重要工具。
- 委员会认为，处置库系统应体现“纵深防御”的理念。
- 设施和系统设计以及设施布局必须以纵深防御实践为基础。
- 纵深防御实践是基于提供递进层级的防护，使健康和安全不会完全依赖于设施的设计、建造、维护或运行的任何单一要素。
- 纵深防御适用于燃料循环设施的监管，与委员会的指导方针相一致。
- 化学工艺安全设计的纵深防御原则是那些支持分层控制的原则：预防、缓解和运行人员干预，按优先顺序排列。

- 纵深防御措施通常是基于确定论考虑（即工程判断）来确定关于安全功能的重要性和可能影响其性能的潜在不确定性。

各种陈述强调，纵深防御的目的和目标，与反应堆领域一样，是为了确保安全。此外，大多数陈述都确认了预防和缓解在保护公众健康和安全以及环境方面的重要性。从委员会《风险指引型和基于性能的监管白皮书》中可以推断，在反应堆领域使用的一些相同的纵深防御概念也适用于特定的非反应堆领域，如废物处置库。所引用的许多法规在制定特定设施或设备的性能要求时纳入了各种纵深防御原则。

9.3.2 纵深防御的方法和策略

同样，由于关于非反应堆应用的纵深防御的文献比反应堆应用的文献要少得多，因此很难在可用的来源中区分与纵深防御方法和纵深防御策略相关的内容。下面的陈述涉及其中一种或另一种陈述，或两者兼而有之。

- 对于废物处理设施，纵深防御是通过……多个屏障来实现的。对于运输和处理设施，可以使用类似于反应堆的 PRA 方法……对于工业和医疗应用，……纵深防御可以最小……
- 在风险指引型框架内实施监管，包括使用纵深防御，需要为每项受监管活动确立风险接受准则。
- 关于纵深防御的结构主义和理性主义方法。对于结构主义方法，纵深防御的必要性和程度与系统结构有关。对于理性主义方法，纵深防御的需要和程度与系统中的剩余不确定性有关。
- 纵深防御保证了如果任何部件出现故障，系统的其余部件会进行补偿，因此后果并非不可接受。
- 纵深防御可以通过额外的屏障、运行程序和限制来提供，也可以通过冗余和多样化的设备设计来提供。
- 纵深防御可以通过各种不同的措施来实现，如非能动包容系统（如多个屏障）、能动系统（如通风系统）和管理程序。
- 纵深防御的程度可以根据风险和/或不确定性的性质而变化。
- 风险信息只能提供关于已知不确定性的纵深防御见解。然而，风险信息不能提供关于未知情况的纵深防御见解。

- 一般认为，如果满足现行法规，则存在足够的纵深防御。
- 一个仔细考虑纵深防御的系统包括旨在保护工作人员和公众免受潜在的重大辐照的实体屏障、工程保障、出入控制以及行政和程序控制。
- 通过对多重独立屏障的要求，以及在可能的情况下，对冗余安全系统的要求，确保其许可设施的安全……
- 必须是多项安全依赖项（IROFS）或 IROFS 系统失效的情况下，才能导致发生预期外的后果（例如，临界事故或化学泄漏）。
- 通过指定执行相同基本安全功能的冗余 IROFS 来提供。
- 多样性是指执行不同安全功能的 IROFS 提供纵深防御的程度。
- 用于提供一个或多个附加措施来支持一线安全措施，为关键安全功能的完成提供额外的保证。
- 放射性物质释放的多道屏障。
- 在设计中采用保守的规范和标准，确保有足够的安全裕量。
- 要求包含冗余。
- 提供防止释放和保证高质量设计、建造和运行的屏障。

根据不同来源的描述，非反应堆纵深防御的方法一般是基于提供多道屏障及采用冗余和多样性，这些本身就是纵深防御原则。与反应堆文献相比，除了提到同时需要预防和缓解外，没有讨论不同层次的防御或其之间的区别。在考虑与反应堆纵深防御相似之处的同时，非反应堆区域的纵深防御强调的是多道屏障的使用，而不是针对反应堆的更一般的手段，如运行方面、应急计划等。

9.4 关于安保纵深防御的意见

文献中关于安保的内容非常少。与纵深防御陈述相关的安保内容主要包含在法规中，包括对实体屏障以及控制和通信系统的冗余和多样性要求以保持有效的监控。下面是典型陈述：

- 便携式仪表的要求包括冗余和多样性。
- 副产品材料的安保区域需要连续的实体屏障，以防止未经授权地进入。

- 使用备用电源以保持持续的监控和监测能力。
- 有两个独立的实体控制，形成有形的屏障，以防止未经授权的拆除。
- 运输过程中的实物保护需要承运人和护送车辆之间的冗余通信。
- 运输过程中特殊战略核材料的实物保护需要多名护送人员和多辆护送车辆。
- 固定地点的实物保护，要求接近重要设备和材料需要通过至少三层实体屏障，外围边界设置两道独立的实体屏障，屏障之间设有入侵侦测系统。
- 获得许可活动的实物保护需要设置多层实体屏障。
- 数字计算机和通信系统的保护需要有针对网络攻击的纵深防御策略。
- 反应堆的实物保护需要纵深防御战略，以确保有效性。
- 核电站安保和应急计划要求明确确定了实物保护系统和防护策略的纵深防御。

虽然安保纵深防御的概念还不明确，其与反应堆安全、材料及废物的纵深防御概念相似，但使用的术语截然不同。例如，它们的目标是关注和减少损害，它们依赖于多道屏障方法，并使用保护性“策略”（或措施）作为其实物保护的一部分。类似的原理如冗余和独立性，也可以在纵深防御的实施中找到。

9.5 关于国际纵深防御的意见

查阅的关于纵深防御陈述的国际文献几乎完全集中在动力反应堆纵深防御上。上述针对美国反应堆的意见通常也适用于国际文献。国际文献大多集中在纵深防御的方法和策略上，很少有关于对上层目的和目标的相关描述。

9.5.1 纵深防御的目的

在回顾国际文献时，只找到一个与纵深防御目的有关的描述：

- 为补偿潜在的人为和机械故障，实施纵深防御的概念……

虽然不明确，但从实现对故障进行补偿的需要可以推断，纵深防御的概念的提出是认识到由于知识匮乏，设计和运行无法防止故障。

9.5.2 纵深防御的目标

在回顾国际文献时，可以看到与核管理委员会文献中的描述相似的目标。人们普遍认为，纵深防御的目标是通过预防或减轻事故来避免或最小化风险。发现了以下陈述：

- 补偿潜在的人为和机械故障，通过避免对电厂和屏障本身的损害来保持屏障的有效性，并在这些屏障不能完全有效的情况下保护公众和环境免受损害。
- 纵深防御的总体目标是确保一个防御层次的单一故障，无论是设备故障还是人员失误，甚至是一个以上防御层次的故障组合，都不会波及并危及后续层次的纵深防御。
- 纵深防御的概念应适用于防止可能对人和环境造成有害影响的事故的后果，并确保采取适当措施保护人和环境，并在预防失败的情况下减轻后果。
- 纵深防御有两重目的：第一，防止事故发生；第二，如果预防失败，限制事故的潜在后果，防止事态向更严重的情况发展。事故预防是第一要务……
- 为确保保持纵深防御的理念，设计应在可行范围内预防：
  - 对实体屏障完整性的挑战；
  - 一个或多个屏障失效；
  - 由于一个屏障失效而导致另一个屏障失效；
  - 运行和维护中的错误可能造成的有害后果。

国际观点普遍认为，纵深防御的目标是预防和减轻事故。

9.5.3 实现纵深防御的途径

在回顾国际资料时，所述的纵深防御方法与核管理委员会文献中描述的方法相似。该方法是采用多层防御，如下所示。

- 所有安全活动，无论是组织的、行为的还是与设备相关的，都受到层层重叠措施的约束，因此，如果发生故障，将得到补偿或纠正，而不会对个人或公众造成伤害。这种多层次保护的思想是纵深防御的核心特征，它在随后的具体安全原则中被反复使用。
- 预防和减轻事故后果的主要手段是纵深防御。纵深防御主要是通过若干连续和独立的防护层次的组合来实施的，只有在这些防护层次失效的情况下，才可能对人类或环境造成有害影响。如果一层防护或屏障失效，后续的防护或屏障将可用。
- 纵深防御包括对不同层次的设备和程序进行分层部署，以便在正常运行中、预计运行事件下，以及在电站事故中，保持设置在放射性物质与工作人员、公众或环境之间的实体屏障的有效性。

● 定义了五个层次的防御，因此如果一个层次失效，则随后的层次开始发挥作用。这五个层次的目标如下：

— 防止异常运行和系统故障；

— 异常运行控制和故障检测；

— 设计基准内事故的控制；

— 对严重工况的控制，包括阻止事故进程和减轻严重事故的后果；

— 减轻放射性物质大量释放的放射性后果。

● 将纵深防御的五个层次与核电站的五个运行状态联系起来，并将其分类为事故预防或事故缓解，具体如下：

事故预防：

— 1 层（防止运行异常和故障）——正常运行；

— 2 层（运行异常的控制和故障的检测）——预计运行事件；

— 3 层（控制事故在假想的设计基准严重程度之下）——设计基准和复杂的运行状态。

事故缓解：

— 4 层（控制电站恶劣条件，包括阻止事故进程，缓解严重事故后果，包括包容的保护）——超出设计基准的严重事故；

— 5 层（缓解放射性物质显著释放的放射性后果）——严重事故后情景。

● 有五个层次的防御：

— 第一层防御的目的是防止偏离正常运行和安全相关设备发生故障……

— 第二层防御的目的是检测和控制正常运行状态的偏差，以防止电站预计运行事件升级为事故状态……

— 对于第三层防御，尽管可能性不大，在前一层次无法控制预期运行事件或假想的始发事件的升级，并且可能发生事故时发挥作用……

— 第四层防御的目的是减轻由于第三层纵深防御失效而导致的事故后果……

— 第五层也是最后一层防御的目的是减轻事故状态可能导致的放射性释放的辐射后果……

● 纵深防御的概念涉及不同的、多道屏障。

- 预防和缓解都是必不可少的。

从国际角度来看，也使用了类似的定义防御层次的方法。然而，它们更多的是按照设计概念定义防御层，而不是针对事故可能如何发展。

9.5.4 实施纵深防御的策略

在回顾国际资料来源时，确定了实施各层防御的策略（保护措施或原则），建议如下：

- 为了有效地实施纵深防御，一些基本的先决条件适用于第 1 层至第 5 层的所有措施。这些先决条件是适当的保守、质量保证和核安全文化。
- 纵深防御是通过下列适当的组合来提供的：
  - 一个有效的管理系统，对安全有强有力的管理承诺和有效的安全文化。
  - 恰当的选址，并结合良好的设计和工程设施提供安全裕量、多样性和冗余，主要是通过使用：
    - ○ 高质量和高可靠性的设计、技术和材料；
    - ○ 控制、限制和保护系统以及监测功能；
    - ○ 固有特性和专设安全设施的适当组合。
  - 全面的运行程序和实践以及事故管理规程。
- 保护线（LOP）是对有可能损害基本安全功能的特定机制或事件的有效防御。该术语用于作为电站安全架构的一部分，如固有特性、设备、系统（能动或非能动）等的组合，其目标是完成给定安全功能所需的任务。对于一个给定的事件，以及针对一个给定的安全功能，保护线提供了成功实现各防御层次目标的实用手段（保护线是指维持每一层防御的程序化的、经鉴定的和有形的方式。这些方式有时被称为措施，这些措施可能是电站的基本设计特征）。
- 防止核电站发生事故并在发生事故时减轻事故后果的主要方式是应用纵深防御的概念。这个概念适用于所有与安全相关的活动，无论是与组织、行为还是设计相关的活动，以及无论是在满功率、低功率或各种停堆状态下的活动。这是为了确保所有与安全相关的活动都受到独立的层层规定的约束，以便在发生故障的情况下，可以通过适当的措施进行检测和补偿或纠正。在整个设计和运行中应用纵深防御的概念，可以防止预计运行事件和事故，包括由设备故障或人为原因引起的事故。

- 电站内部诱发的事件，以及防止来自电站外部事件的后果。
- 设计：
  - 应提供多重实体屏障，以防止放射性物质向环境释放。
  - 应是保守的，施工应是高质量的，以便确保故障和偏离正常运行的情况降至最低，尽可能防止事故发生，并且电站参数的小偏差不会导致陡边效应。
  - 应通过固有特性和工程设施来控制电站，在设计时应尽可能减少或排除在故障或偏离正常运行时需要启动安全系统。
  - 应通过安全系统自动启动来补充对电站的控制，以保证超出控制系统能力的故障和偏离正常运行的情况可以得到高水平的控制，并且尽可能降低在这些故障或偏离正常运行的早期阶段对操作人员采取行动的需要。
  - 应提供相应的系统、构筑物和部件和程序，以控制超出安全系统能力的故障和偏离正常运行工况的过程，并尽可能限制其后果。
  - 应提供多种方法来确保每一项基本安全功能的执行，从而确保屏障的有效性，并减轻任何故障或偏离正常运行工况的后果。

还有类似的策略，如质量保证（高质量）、安全裕量、多样性、冗余和保守性。

9.5.5 确定纵深防御充分性的准则

在回顾国际文献时，有一些关于纵深防御充分性的陈述。然而，与 NRC 的资料一样，只有一般性的陈述，没有确定纵深防御充分性的准则。

- 多个纵深防御层次的存在，绝不是在缺少一个层次防御的情况下继续行动的理由。

- 纵深防御原则主要是通过一系列屏障来实现的，这些屏障原则上永远不会受到破坏，而且在突破这些屏障后，才能对人或环境造成伤害。这些屏障是实体的，在连续的位置提供对放射性物质的限制。这些屏障可用于运行和安全目的，也可仅用于安全目的。只有当该多道屏障系统不受影响且能够按设计要求运行时，才允许功率运行。

- 设计应适当考虑到，多层防御的存在并不是在缺乏一个层次防御的情况下继续运行的基础。所有层次的纵深防御应在任何时候都保持可用，如果对特定运行模式放宽要求，应证明其适当性。

● 如果实施得当，纵深防御可以确保任何单一的技术、人员或组织故障都不会导致有害影响，而且可能导致有重大有害影响的故障组合的可能性非常低。不同层次防御的独立有效性是纵深防御的必要要素。

● 定量安全目标通过频率-后果曲线与纵深防御的每个层次相关联（其后果是不符合可接受频率的各种事故）。例如，正常的运行事件只被容纳在第一层纵深防御内，并且不会导致任何后果，因为该层的目的是防止偏离正常运行并防止系统故障。第二层纵深防御通过检测和拦截偏离正常运行状态的事件，确保频率超过 10^{-2} 次/年的事件（即预计运行事件）的后果是在这第二层防御的成功准则之内。其余三个层次也遵循类似的方法。“最终目标是，任何可信的事故序列，即使考虑到不同纵深防御层次的防护线失效，也应保持在总体频率-后果曲线之下。”

● 根据 IAEA INSAG-12 的概念：“所有安全活动，无论是组织的、行为的还是设备相关的，都受到多层重叠措施的约束，因此，如果发生故障，将得到补偿或纠正，而不会对个人或公众造成伤害。”结论是，PRA 中计算的定量结果可以与 INSAG 12 和其他 IAEA 出版物中的特定纵深防御水平相关联。

在国际文献中，确定纵深防御的充分性仍然是一个难题。除了一般性陈述之外，几乎没有确定纵深防御是否充分的准则或指南。

9.6 其他机构关于纵深防御的意见

根据核管理研究办公室（RES）于 2015 年 8 月 26—27 日举行的纵深防御机构间研讨会，NRC 提出了以下意见：

● 大多数机构并没有正式使用“纵深防御”一词，但许多机构使用类似的概念，如“韧性”等术语。

● 纵深防御是一种用来确保各机构完成任务的方法，例如，公众安全。

● 纵深防御不是目标，而是一个用来完成任务的工具。

● 可接受的风险程度取决于该机构的任务。

● 纵深防御的实施情况各不相同，取决于各机构的实际使命。

● 纵深防御是通过实施设计、运行和计划要求的组合来实现的。

● 衡量纵深防御的量化风险目标可能难以制定。

- 用于比较目的时，相对风险比风险的绝对数值更可信。
- 预防和缓解是纵深防御的关键原则，然而，由于机构的任务，恢复（即韧性）也可能是纵深防御的一个重要方面。
- 设计、运行和/或制度要求取决于任务的阶段，例如，是从头开始构建（新设计）还是采用现有的设计。
- 预防和缓解之间的平衡取决于应用情况。
- 从安保的角度来看，消除风险并不总是有可能的（例如，即将发生的行为）。

从各种各样的陈述中，我们可以了解到，其他机构也以类似的角度看待纵深防御。例如，存在不确定性，由于这些不确定性，设计和运行必须同时考虑预防和缓解潜在的不利事件。这种考虑是通过识别多层防御并规定完成特定防御层的具体措施来实现的。然而，就像 NRC 一样，如何确定或衡量纵深防御的充分性仍然是一个难题。

9.7 关于纵深防御特性的总体考察

通过对纵深防御进行历史回顾，并在回顾的基础上提出关于纵深防御的目的、目标、策略、结构和定义的见解，可以得出关于如何表征纵深防御的总体观点。

- 纵深防御的目的是确保受监管活动的风险保持在可接受的低水平，无论知识缺乏与否。
- 纵深防御的目标是通过预防和减轻事故来确保公众免受伤害。
- 实现纵深防御的方法是将多层防御纳入受监管活动的设计和运行中，并让这些多层防御同时解决预防和缓解问题。
- 实际的防御层取决于所面临的威胁。
- 用于实现每一层防御的实际保护措施（即设计、运行或制度措施）既取决于防御层，也取决于实际威胁（反应堆堆芯与医疗设备）。
- 几乎没有关于确定纵深防御充分性准则的指导意见。文献确实表明，各种要素（如防御层）应该被量化，可对每个防御系统（如安全措施）开展风险评估，补偿措施可以分级以降低风险。任何事故序列（所有防御层都失效）均保持在频率-后果曲线下，冗余和多样性足以确保满足风险的要求，并且可以通过使用风险度量的方法来评估纵深防御的充分性。

● 制定原则是为了帮助指导纵深防御的实施。这些原则确定了面对受监管活动所需要达到的纵深防御（即目标）。总体来说，纵深防御应确保每个受监管的活动都具有适当的纵深防御措施（即设计、运行和管理措施），以预防和减轻有害事件和事故。对于预防，纵深防御原则可包括：设备和人员行为可接受的可靠性和可用性；防止和/或应对不可接受的设备故障、人因失误、自然现象和恶意行为的设计、运行和管理措施，以及不依赖于设计、建造、维修或运行的单一要素的安全和安保。对于缓解，原则可包括：控制不可接受的放射性物质释放的设计、运行和管理措施；将辐射和/或放射性物质辐照限制在可接受水平的设计、运行、管理措施和响应能力。

这些意见可以在纵深防御的通用框架中被获得，如图 9-1 所示。

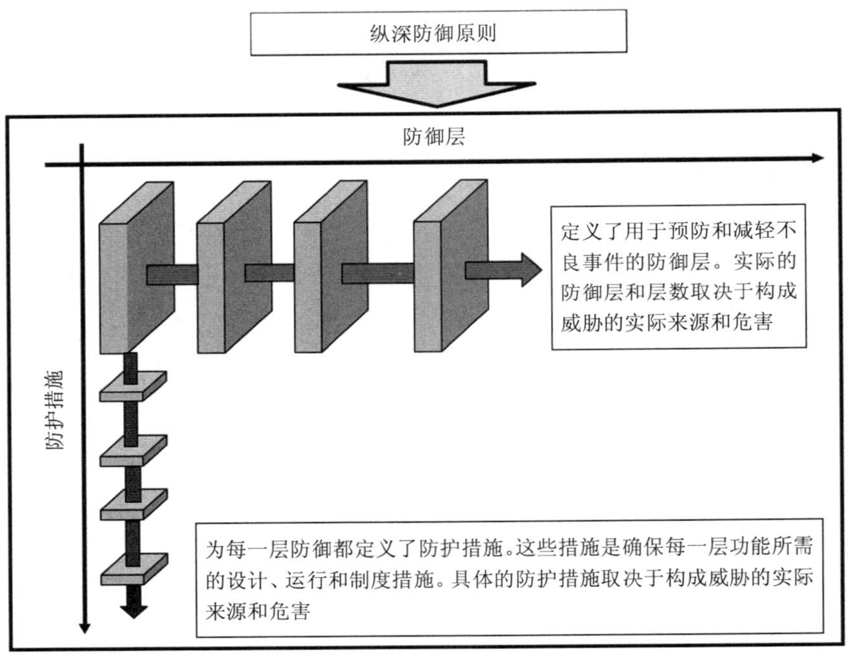

图 9-1 纵深防御框架

● 无论何种应用，都需提供预防和缓解不利事件的纵深防御层；然而，实际的防御层和层数取决于所避免的威胁。

● 对于每个防御层，都有保护措施（即设计、运行和管理措施），用于预防和减轻不利事件。实际的措施取决于所关注的威胁。

● 由一系列原则指导防御层及其相关的保护措施。

参考文献

[1] [ACRS] Advisory Committee on Reactor Safeguards Letters：http：//www.nrc.gov/reading-rm/doc-collections/acrs/letters/.

[2] [ACRS，1997] Kress，T.S.，“Some thoughts on Defense-in-Depth，” Presented to Regulatory Policies and Practices ACRS Subcommittee，August 27，1997.

[3] [ACRS，1999] Powers，D.A.，ACRS letter to USNRC Chairman Jackson，“The Role of Defense in Depth in a Risk-Informed Regulatory System，” May 19，1999.（ADAMS Accession No. L091280427）

[4] [ACRS，2000a] Advisory Committee on Reactor Safeguards，Advisory Committee on Nuclear Waste Meeting of the Joint ACRS/ACNW Subcommittee，January 13-14，2000.（ADAMS Accession No. ML003678181 and ML003678024）

[5] [ACRS，2000b] Garrick，B.J，ACNW，Powers，D.A.，ACRS Letter to USNRC Chairman Meserve，“Use of Defense in Depth in Risk-Informing NMSS Activities，” May 25，2000.（ADAMS Accession No. ML003719182）

[6] [AEC，1956] U.S. Atomic Energy Commission，Letter to Senator Hickenlooper，March 14，1956.

[7] [AEC，1957] U.S. Atomic Energy Commission，“Theoretical Possibilities and Consequences of Major Accidents in Large Nuclear Power Plants，” WASH-740，pages vii，5，and 21，March 1957.

[8] [AEC，1973] U.S. Atomic Energy Commission “The Safety of Nuclear Power Reactors and Related Facilities，” WASH-1250，March 1973.（ADAMS Accession No. ML12143A280）

[9] [AEC，1971a] U.S. Atomic Energy Commission，Letter to Senator Pastore，Chairman of the Joint Committee on Atomic Energy，April 27，1971.

[10] [AEC，1971b] U.S. Atomic Energy Commission，Public Rulemaking Hearings on Interim Acceptance Criteria for Emergency Core Cooling Systems（ECCS）for Light Water Power Reactors，December 28，1971.

[11] [ANS, 1999] Sorensen, J.N., Apostolakis, G.E., Kress, T.S., and Powers, D.A., "On the Role of Defense-in-Depth in Risk Informed Regulation," American Nuclear Society PSA'99, Washington DC, August 22-25, 1999.

[12] [ANSI/ANS, 1998] American Nuclear Society, "Nuclear Criticality Safety in Operations with Fissionable Materials Outside Reactors," September 9, 1998.

[13] [Breen, 1981] Breen, R.J., Deputy Director of EPRI's Nuclear Safety Analysis Center, "Defense-in-Depth Approach to Safety in Light of the Three Mile Island Accident," (Nuclear Safety, Vol. 22, No. 5, Sept.-Oct. 1981).

[14] [CFR] Code of Federal Regulations, Title 10, Energy, Parts 1-50 and 51-99, Nuclear Regulatory Commission, Office of the Federal Register, National Archives and record Administration.

[15] [Fleming, 2002] Fleming, K.N., and Silady, F.A., "A Risk Informed Defense-in-Depth Framework for Existing and Advanced Reactors," Reliability Engineering & System Safety, Volume 78, issue 3, December 2002, Pages 205-225.

[16] [FRN, 1983] Federal Register Notice, "Disposal of High-level Radioactive Wastes in Geologic Repositories Technical Criteria," Final Rule, Volume 48, Page 28194, June 21, 1983.

[17] [FRN, 2000] Federal Register Notice, "Disposal of High-Level Radioactive Wastes in a Proposed Geologic Repository at Yucca Mountain, Nevada; Final Rule," Volume 66, No. 213, Page 55732 Nov 2, 2001.

[18] [IAEA, 1996a] International Nuclear Safety Advisory Group (INSAG), "Basic Safety Principles for Nuclear Power Plants," INSAG-3, International Atomic Energy Agency, Vienna, Austria, 1996.

[19] [IAEA, 1996b] IAEA, "Defense in Depth in Nuclear Safety," INSAG- 10, International Atomic Energy Agency, Vienna, Austria, 1996.

[20] [IAEA, 1996c] IAEA, "Basic Safety Principles for Nuclear Power Plants," INSAG- 12, International Atomic Energy Agency, Vienna, Austria, 1996.

[21] [IAEA, 2005] IAEA, "Assessment of Defence in Depth for Nuclear Power Plants," Safety Reports Series No. 46, Vienna, Austria, February 2005.

[22] [IAEA, 2006] IAEA Safety Standards, "Fundamental Safety Principles, Safety Fundamentals," SF-1, November 2006.

[23] [IAEA, 2007] IAEA, "Proposal for a Technology-Neutral Safety Approach for New Reactor Designs," IAEA-TECDOC-1570, Vienna, Austria, September 2007.

[24] [IAEA, 2009] IAEA Nuclear Energy Series, "Design Features to Achieve Defence in Depth in Small and Medium Sized Reactors," NP-T-2.2, June 2009.

[25] [IAEA, 2011] IAEA, "Nuclear Security Recommendations on Physical Protection of Nuclear Material and Nuclear Facilities," INFCIRC/225/Revision 5, Nuclear Security Series, No. 13, Vienna, Austria, January 2011.

[26] [IAEA, 2012] IAEA Safety Standards, "Safety of Nuclear Power Plants: Design, Specific Safety Requirements," SSR-2/1, January 2012.

[27] [INL, 2009] Idaho National Laboratory (INL), "Next Generation Nuclear Plant Defense-in-Depth Approach," INL/EXT-09-17139, December 2009.

[28] [JCAE, 1967] Beck, C., "Basic Goals of Regulatory Review: Major Considerations Affecting Reactor Licensing," Statement submitted to the Joint Committee on Atomic Energy, Congress of the United States, hearings on Licensing and Regulation of Nuclear Reactor, April 4, 5, 6, 20 and May 3, 1967.

[29] [JCAE, 1969] Internal Study Group, "Report to the Atomic Energy Commission on the Reactor Licensing Program," submitted to the Joint Committee on Atomic Energy, Congress of the United States, Hearings on AEC Licensing Procedure and Related Legislation, June 1969.

[30] [NEA, 2014] Nuclear Energy Agency, Committee On Nuclear Regulatory Activities, "Challenges and Enhancements to Defence-in-Depth (DiD) in Light of the Fukushima Daiichi NPP Accident, Proceedings of a Joint CNRA/CSNI Workshop, Paris, France, 5 June 2013," NEA/CNRA/R (2014) 4, June 2014.

[31] [NEA, 2016] Nuclear Energy Agency, Organization for Economic Co-Operation and Development, "Implementation of Defence-in-Depth at Nuclear Power Plants: Lessons Learnt from the Fukushima Daiichi Accident," NEA No. 7248, 2016.

[32] [NEI, 2002] Nuclear Energy Institute, "A Risk-Informed Performance-Based Regulatory Framework for Power Reactors," NEI 02-02, May 2002.

[33] [NRC, 1975] U.S. Nuclear Regulatory Commission, "Annual Report 1975," December 31, 1975. (ADAMS Accession No. ML090060072, not publicly available)

[34] [NRC，1976a] U.S. Nuclear Regulatory Commission，“Fact Sheet on Reactor Safety，” April 20，1976.

[35] [NRC，1976b] U.S. Nuclear Regulatory Commission，“Recommendations Related to Browns Ferry Fire，” NUREG-0050，February 1976.（ADAMS Accession No. ML070520452）

[36] [NRC，1979a] U.S. Nuclear Regulatory Commission，“TMI Lessons Learned Task Force Status Report and Short-Term Recommendations，” NUREG0578，July 1979.（ADAMS Accession No. ML090060030）

[37] [NRC，1979b] U.S. Nuclear Regulatory Commission，“TMI-2 Lessons Learned Task Force Final Report，” NUREG-0585，October 1979.（ADAMS Accession No. ML061430367）

[38] [NRC，1979] U.S. Nuclear Regulatory Commission，“Performance capabilities for fixed site physical protection systems，” 10 CFR §73.45，1979.

[39] [NRC，1980] U.S. Nuclear Regulatory Commission，“Report on the Accident at the Chernobyl Nuclear Power Station，” NUREG/CR-1250，January 1987.（ADAMS Accession No. ML071690245）

[40] [NRC，1982] U.S. Nuclear Regulatory Commission，“Physical Protection for Transient Shipments，” Regulatory Guide 5.63，July 1982.

[41] [NRC，1983] U.S. Nuclear Regulatory Commission，“Safety Goals for Nuclear Power Plants，” NUREG-0880 Rev. 1，May 1983.（ADAMS Accession No. ML071770230）

[42] [NRC，1986] U.S. Nuclear Regulatory Commission，“Safety Goals for the Operations of Nuclear Power Plants; Policy Statement，” Federal Register，Vol. 51，No. 149，pp.28044-28049，August 4，1986（republished with corrections，Vol. 51，No. 169，pg. 30028-30023，August 21，1986）.（ADAMS Accession No. ML051580404）

[43] [NRC，1994a] U.S. Nuclear Regulatory Commission，“Perspectives on Reactor Safety，” UREG/CR-6042，March 1994.（ADAMS Accession No. ML）

[44] [NRC，1994b] U.S. Nuclear Regulatory Commission，“Method for Performing Diversity and Defense-in-Depth Analyses of Reactor Protection Systems，” NUREG/CR-6303，December 1994.（ADAMS Accession No. ML071790509）

[45] [NRC，1995] U.S. Nuclear Regulatory Commission，“Policy Statement on Use of Probabilistic Risk Assessment Methods in Nuclear Regulatory Activities; Final Policy Statement，” Federal Register，

Vol. 60，No. 158，pg. 42622-42629，August 16，1995.（ADAMS Accession No. ML021980535）

[46] [NRC，1996a] U.S. Nuclear Regulatory Commission，“Reactor Site Criteria，” 10 CFR Part 100，1996.

[47] [NRC，1996b] U.S. Nuclear Regulatory Commission，“Guidelines for Preparing and Reviewing Applications for the Licensing of Non-Power Reactors，” NUREG-1537，February 1996.（ADAMS Accession No. ML12251A353）

[48] [NRC，1996c] U.S. Nuclear Regulatory Commission，“Criteria for Digital Computers in Safety Systems of Nuclear Power Plants，” Regulatory Guide 1.152，January 1996.（ADAMS Accession No. ML003740015）

[49] [NRC，1997a] U.S. Nuclear Regulatory Commission，“Guidance for Evaluation of Defense-in-Depth and Diversity in Digital Computer-Based Instrumentation and Control Systems，” NUREG-0800，Branch Technical Position（BTP）HICB-19，June 1997.（ADAMS Accession No. ML052500555）

[50] [NRC，1997b] U.S. Nuclear Regulatory Commission，“Current Regulatory Issues，” Speech by Dr. Shirley Ann Jackson，Chairman，U.S. Nuclear Regulatory Commission to Nuclear Power Reactor Safety Course，Massachusetts Institute of Technology，Cambridge，Massachusetts，Commission Speeches，No. S-97-17，July 29，1997.

[51] [NRC，1997c] U.S. Nuclear Regulatory Commission，“Proposed Strategy for Development of Regulations Governing Disposal of High-Level Radioactive Wastes in a Proposed Repository at Yucca Mountain，Nevada，” SECY-97-300，December 1997.（ADAMS Accession No. ML032830444）

[52] [NRC，1999a] U.S. Nuclear Regulatory Commission，“Risk-Informed and Performance-Based Regulation.” Commission White Paper.（ADAMS Accession No. ML15223A685）

[53] [NRC，1999b] U.S. Nuclear Regulatory Commission，“Staff Plan for Clarifying how Defense-in-Depth Applies to the Regulation of a Possible Geologic Repository at Yucca Mountain，Nevada，” SECY-99-186，July 1999.（ADAMS Accession No. ML040640782）

[54] [NRC，2000a] U.S. Nuclear Regulatory Commission，“Requirements for New Facilities or New Processes at Existing Facilities，” 10 CFR §70.64，2000.

[55] [NRC，2000b] U.S. Nuclear Regulatory Commission，“Alternative Radiological Source Terms for Evaluating Design Basis Accidents at Nuclear Power Reactors，” Regulatory Guide 1.183，July 2000.（ADAMS Accession No. ML003716792）

[56] [NRC，2000c] U.S. Nuclear Regulatory Commission，“Standard Review Plan for Spent Fuel Dry Storage Facilities，” NUREG-1567，March 2000.（ADAMS Accession No. ML003686776）

[57] [NRC，2002a] U.S. Nuclear Regulatory Commission，Revision 2，“Perspectives on Reactor Safety，” NUREG/CR-6042，March 2002.（ADAMS Accession No. ML091250169）

[58] [NRC，2002b] U.S. Nuclear Regulatory Commission，“Fire Protection Program for Nuclear Power Facilities Operating Prior to January 1，1979，” Appendix R to 10 C.F.R. pt. 50（2012）.

[59] [NRC，2003a] U.S. Nuclear Regulatory Commission，“Yucca Mountain Review Plan，” NUREG-1804，Rev. 2，July 2003.（ADAMS Accession No. ML032030389）

[60] [NRC，2003b] U.S. Nuclear Regulatory Commission，Office of Nuclear Reactor Regulation，Director's Decision，2.206 Petition from Congressman Dennis Kucinich，Representative for the 10th Congressional District of the State of Ohio in the United States House of Representatives，“To revoke First Energy Nuclear Operating Company license to operate Davis-Besse Nuclear Power Station，Unit 1，” September 12，2003.（ADAMS Accession No. ML032480751）

[61] [NRC，2004] U.S. Nuclear Regulatory Commission，Speech-04-009：Chairman Nils J. Diaz，“The Best-Laid Plans（the NRC's Defense-in-Depth Philosophy），” The Third Annual Homeland Security Summit，June 3，2004.（ADAMS Accession No. ML041550865）

[62] [NRC，2006] U.S. Nuclear Regulatory Commission，“Guidelines for Categorizing Structures，Systems，and Components in Nuclear Power Plants According to their Safety Significance，” Regulatory Guide 1.201，May 2006.（ADAMS Accession No. ML061090627）

[63] [NRC，2007a] U.S. Nuclear Regulatory Commission，“Guidance for Evaluation of Defense-in-Depth and Diversity in Digital Computer-Based Instrumentation and Control Systems，” NUREG-0800，Standard Review Plan（SRP），BTP 7-19，March 2007.（ADAMS Accession No. ML070550072）

[64] [NRC，2007b] U.S. Nuclear Regulatory Commission，“Feasibility Study for a Risk Informed and Performance-Based Regulatory Structure for Future Plant Licensing，” NUREG-1860，U.S. Nuclear Regulatory Commission，December 2007.（ADAMS Accession No. ML080440170）

[65] [NRC，2007c] U.S. Nuclear Regulatory Commission，“General Design Criteria for Nuclear Power Plants，” Appendix A to 10 CFR Part 50，2007.

[66] [NRC，2007d] U.S. Nuclear Regulatory Commission，“Requirements for reduction of risk from anticipated transients without SCRAM（ATWS）events for lightwater-cooled nuclear power plants，”

10 CFR §50.62，2007.

[67] [NRC，2007e] U.S. Nuclear Regulatory Commission，“Combined License Applications for Nuclear Power Plants（LWR Edition），” Regulatory Guide 1.206，June 2007.

[68] [NRC，2007f] U.S. Nuclear Regulatory Commission，“Standard Review Plan for the Review of Safety Analysis Reports for Nuclear Power Plants：LWR Edition，” NUREG-0800，2007.

[69] [NRC，2008a] U.S. Nuclear Regulatory Commission，“Policy Statement on the Regulation of Advanced Reactors；Final Policy Statement，” Federal Register，Vol. 73，No. 199，pg. 60612-60616，October 14，2008.

[70] [NRC，2008b] U.S. Nuclear Regulatory Commission，“Risk-Informed Decisionmaking for Nuclear Material and Waste Applications，” February 2008.（ADAMS Accession No. ML080720238）

[71] [NRC，2009a] U.S. Nuclear Regulatory Commission，“Digital Instrumentation and Controls，” DI&C-ISG-02，June 2009.（ADAMS Accession No. ML091590268）

[72] [NRC，2009b] U.S. Nuclear Regulatory Commission，“Protection of Digital Computer and Communication Systems and Networks，” 10 CFR §73.54，2009.

[73] [NRC，2009c] U.S. Nuclear Regulatory Commission，“Requirements for Physical Protection of Licensed Activities in Nuclear Power Reactors Against Radiological Sabotage，” 10 CFR §73.55，2009.

[74] [NRC，2009d] U.S. Nuclear Regulatory Commission，“An Approach for Determining the Technical Adequacy of Probabilistic Risk Assessment Results for Risk-Informed Activities，” Regulatory Guide 1.200，March 2009.（ADAMS Accession No. ML090410014）

[75] [NRC，2010a] U.S. Nuclear Regulatory Commission，“Cyber Security Programs for Nuclear Facilities，” Regulatory Guide 5.71，January 2010.（ADAMS Accession No. ML090340159）

[76] [NRC，2010b] U.S. Nuclear Regulatory Commission，“Standard Review Plan（SRP）for Dry Cask Storage Systems，” NUREG-1536，February 1996.（ADAMS Accession No. ML010040237）

[77] [NRC，2011a] U.S. Nuclear Regulatory Commission，“An Approach for Using Probabilistic Risk Assessment in Risk-Informed Decisions on Plant Specific Changes to the Licensing Basis，” Regulatory Guide 1.174，Revision 2，May 2011.（ADAMS Accession No. ML100910006）

[78] [NRC，2011b] U.S. Nuclear Regulatory Commission，“The Near-Term Task Force Review of Insights from the Fukushima Dai-Ichi Accident，” July 12，2011.（ADAMS Accession No ML111861807）

[79] [NRC，2012a] U.S. Nuclear Regulatory Commission，“A Proposed Risk Management Regulatory

Framework，” NUREG-2150，April 2012.（ADAMS Accession No. ML12109A277）

[80] [NRC，2012b] U.S. Nuclear Regulatory Commission，“Nuclear Power Plant Safeguards Contingency Plans，” Appendix C to 10 CFR Part 73，2012.

[81] [NRC，2012c] U.S. Nuclear Regulatory Commission，“Risk-informed Categorization and Treatment of Structures，Systems and Components for Nuclear Power Reactors，” 10 C.F.R. §50.69，2012.

[82] [NRC，2012d] U.S. Nuclear Regulatory Commission，“Strategic Plan：Fiscal Years 2008–2013（Updated）” NUREG-1614，Volume 5，February 2012.

[83] [NRC，2012e] U.S. Nuclear Regulatory Commission，“Performance requirements for industrial radiography equipment，” 10 CFR § 34.20，2012.

[84] [NRC，2012f] U.S. Nuclear Regulatory Commission，“Program Specific Guidance About Portable Gauge Licensees，” NUREG-1556，Vol. 1，Rev. 2，Draft for Comment，May 2012.（ADAMS Accession No. ML12139A008）

[85] [NRC，2013a] U.S. Nuclear Regulatory Commission，“Defense-in-Depth Observations and Detailed History，” SECY-13-0132，Enclosure 3，December，2013.（ADAMS Accession No. ML13277A421）

[86] [NRC，2013b] U.S. Nuclear Regulatory Commission，“Staff Requirements – SECY-13-0132 - U.S. Nuclear Regulatory Commission Staff Recommendation for the Disposition of Recommendation 1 of the Near-Term task Force Report，” SRM to SECY-13-0132，May 2014.（ADAMS Accession No. ML14137A104）

[87] [NRC，2013c] U.S. Nuclear Regulatory Commission，“Factors to be considered when evaluating sites，” 10 CFR §100.20，2013.

[88] [NRC，2014a] U.S. Nuclear Regulatory Commission，“USNRC Strategic Plan Fiscal Years 2014-2018，” NUREG-1614，Volume 6，August 2014.（ADAMS Accession No. ML14246A439）

[89] [NRC，2014b] U.S. Nuclear Regulatory Commission，Public Website，Glossary，http：//www.nrc.gov/reading-rm/basic-ref/glossary/defense-in-depth，2015.

[90] [NRC，2014c] U.S. Nuclear Regulatory Commission，“Protection and safety systems，” 10 CFR 50.55a（h），2014.

[91] [NRC，2015] U.S. Nuclear Regulatory Commission，“Standard Review Plan for Fuel Cycle Facilities License Applications，” NUREG-1520，Rev. 2，June 2015.（ADAMS Accession No.

ML15176A258）

[92] [Nuclear Safety，1981] Breen，R.J.，“Defense-in-Depth Approach to Safety in Light of the Three Mile Island Accident，” Nuclear Safety，Vol. 22，No.5，Sept.-Oct. 1981.

[93] [RGs] U.S Nuclear Regulatory Commission，Regulatory Guide（RG）1.152 ML102870022，RG 1.174 ML023240437，RG 1.175 ML003740149，RG 1.176 ML003740172，RG 1.177 ML100910008，RG 1.178 ML032510128，RG 1.183 ML003716792，RG 1.186 ML003754825，RG 1.189 ML092580550，RG 1.191 ML011500010，RG 1.195 ML031490640，RG 1.205 ML091960258，RG 4.2 ML003739519，RG 5.71 ML092670517.

[94] [OECD，2013] Organisation for Economic Co-Operation and Development，“Challenges and Enhancements to Defence-in-Depth（DiD）in Light of the Fukushima Daiichi NPP Accident，” Proceedings of a Joint CNRA/CSNI workshop. Paris，France. June 5，2013.

[95] [SECYs] U.S. Nuclear Regulatory Commission，Commission Paper
SECY-77-0439 ML060260236，SECY-83-0269 ML101970113，
SECY-93-0190 ML072360060，SECY-00-0022 ML 993630359，
SECY-00-0077 ML003694288，SECY-00-0080 ML003675817，
SECY-00-0086 ML003696258，SECY-00-0212 ML003757695，
ML003760469，ML003759593，SECY-01-0009 ML003779058，
SECY-01-0100 ML011450420，SECY-02-0030 ML020150056，
SECY-03-0047 ML030160002，SECY-04-0236 ML042590576，
SECY-05-0006 ML043560093，ML043560390，ML043560335，
SECY-05-0172 ML051880303，SECY-06-0187 ML061910627，
SECY-07-0205 ML073270114，SECY-09-0113 ML091970152，
SECY-09-0140 ML092151078，SECY-10-0121 ML102230076，
SECY-11-0014 ML102590196，ML102110167

[96] [Sorenson，1997] Sorenson，J.N.，“Historical Notes on Defense in Depth，” October 15，1997.（ADAMS Accession No. ML082740322）

[97] [SSM，2015] Swedish Radiation Safety Authority，SSM，“DID-PSA：Development of a Framework for Evaluation of the Defence-in-Depth with PSA，” January 2015.